金曜日

自然科學常識知多少!

Chapter 1

災害和環境篇

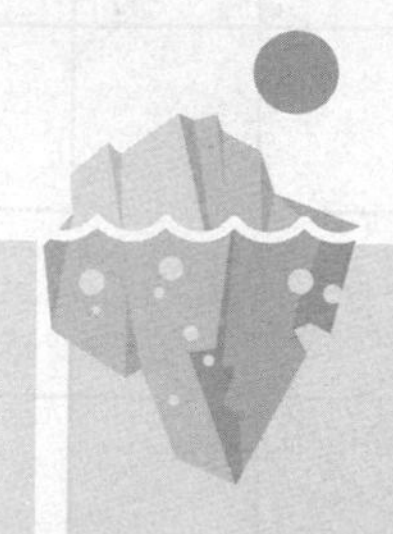

Chapter 2
氣候／氣象篇

Chapter 3

自然資源篇

CHAPTER 1

災害和環境篇

什麼是自然災害

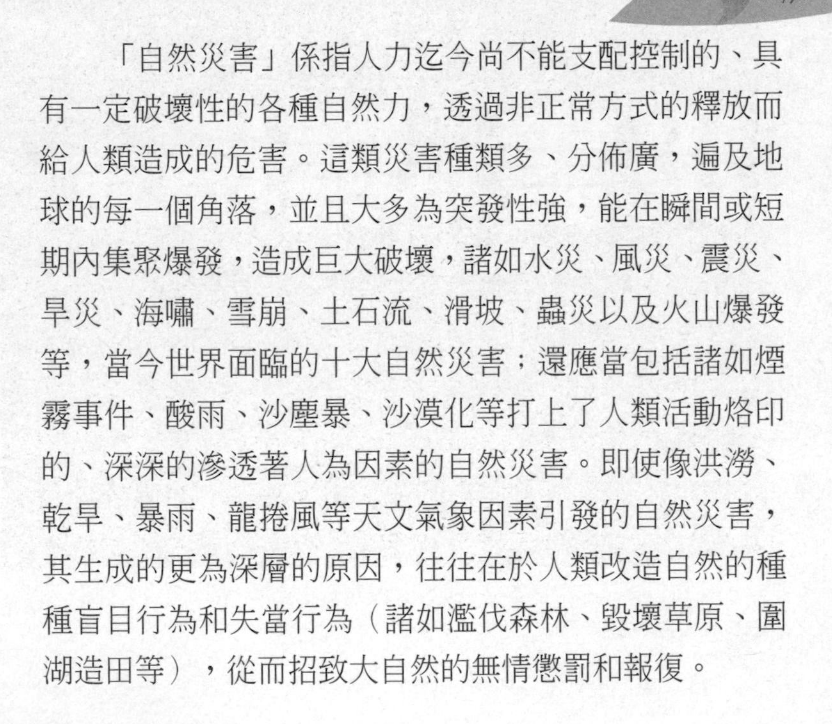

「自然災害」係指人力迄今尚不能支配控制的、具有一定破壞性的各種自然力，透過非正常方式的釋放而給人類造成的危害。這類災害種類多、分佈廣，遍及地球的每一個角落，並且大多為突發性強，能在瞬間或短期內集聚爆發，造成巨大破壞，諸如水災、風災、震災、旱災、海嘯、雪崩、土石流、滑坡、蟲災以及火山爆發等，當今世界面臨的十大自然災害；還應當包括諸如煙霧事件、酸雨、沙塵暴、沙漠化等打上了人類活動烙印的、深深的滲透著人為因素的自然災害。即使像洪澇、乾旱、暴雨、龍捲風等天文氣象因素引發的自然災害，其生成的更為深層的原因，往往在於人類改造自然的種種盲目行為和失當行為（諸如濫伐森林、毀壞草原、圍湖造田等），從而招致大自然的無情懲罰和報復。

美國《洛杉磯時報》曾以「大地母親生活中的一日」為題，報導了世界各地一天之中發生的事情：

——世界各國70%的城市居民，即15億人，呼吸著不衛生的空氣。每天至少有800人由於空氣污染而過早死亡。

—— 5600萬噸二氧化碳排入大氣層，大部分是透過使用礦物燃料和焚燒熱帶雨林排放的。

——每天至少15000人死於不安全的水造成的疾病，其中大部分的受害者是兒童。

——從世界的江河湖海中捕撈5億多磅魚類和貝殼類動物，足以裝滿63萬台冰箱。

—— 12000多桶石油洩漏到世界的海洋，足以注滿25個游泳池。約3800萬磅垃圾從船上被丟入海中。

—— 180平方英里的森林消失。多達140種植物、動物和其他生物滅絕，主要原因是森林遭到破壞。

—— 63平方英里的土地由於放牧過度和風蝕水沖而成為不毛之地。世界的農田喪失約6600萬噸表土。

——為使已退化的農田生產更多的糧食，世界各地使用近40萬噸化肥。

——世界各國生產的商品和提供的服務約達550億

美元。

——近 14 萬輛各種新汽車加入已經行駛在世界各國公路上的 5 億輛汽車的長龍。

——世界上 413 座商用核反應堆，發電量約占世界能源消費量的 5%，產生的核廢料達 20 多噸。

——世界各國軍事開支達 25 億多美元；計劃生育開支為 1200 萬美元。

——今天又有 25 萬人出世，其中亞洲 14 萬，非洲 7.5 萬，拉丁美洲 2.2 萬，其他地區 1.3 萬。

值得我們警惕的是，上述很多事件都是誘發自然災害和環境問題的重要因素和主要原因。

常見的自然災害有哪些種類

自然災害分類是一個很複雜的問題，根據不同的考慮因素可以有許多不同的分類方法。例如，根據其特點和災害管理及減災系統的不同，就可將自然災害分為以下七大類：

一、氣象災害

包括熱帶風暴、龍捲風、雷暴大風、乾熱風、暴雨、寒潮、冷害、霜凍、雹災及乾旱等。

二、海洋災害

包括風暴潮、海嘯、潮災、赤潮、海水入侵、海平面上升和海水倒灌等。

三、洪水災害

包括洪澇、江河氾濫等。

四、地質災害

包括崩塌、滑坡、土石流、地裂縫、火山、地面下沉、土地沙漠化、土地鹽鹼化、水土流失等。

五、地震災害

包括與地震引起的各種災害以及由地震誘發的各種次生災害，如沙土液化、噴沙冒水、城市大火、河流與水庫決堤等。

六、農作物災害

包括農作物病蟲害、鼠害、農業氣象災害、農業環境災害等。

七、森林災害

包括森林病蟲害、鼠害、森林火災等。

自然災害有什麼特點和規律

自然災害存在以下四方面的特點與規律：

一、區域性特點

在空間分佈上，不同的自然災害表現出不同的區域性特點。例如，在那些地質上屬於新構造差異幅度最大的地區，也常是地震活動最頻繁之地。山區有利的地形，加上季節性的暴雨，則常是土石流與滑坡最易生成的地區。從空間分佈上看，自然災害的分佈，有的集中呈帶狀，即所謂災害帶。

二、群發性特徵

自然災害不是孤立的，它具有群發性或齊發性特徵。如暴雨除了會形成洪澇災害外，還是山區土石流、滑坡產生的誘發因素。一次大地震，除直接摧毀城市、橋梁、水壩外，還會引起一系列誘發性的自然災害，如山崩、滑坡、土石流、地裂縫、沙土液化等。

三、週期性特點

大量的統計資料顯示，災害生成的有利條件和其形成的時間過程，使其在一定區域範圍內具有模糊的週期性規律。動靜交替，短則幾年，多則十幾年、幾十年再重複出現某種災害。

四、社會性特點

由於自然災害是危害人類生活和威脅人類生存的自然事件，因而它就必然具有社會性的特點。一次災害不僅有經濟損失，嚴重者還將帶來社會動亂和文化斷代的破壞作用。

現代災害系統的一般特徵

隨著人類對自然的認識逐漸拓寬和加深，人類對災害的認識也發生了很大變化。按系統科學的觀點，不論是自然災害還是社會災害，就其本質而言都可以看成是天（天體）、地（地球）、人（人類社會）三大系統之間，以及各系統內部要素之間相互聯繫、相互作用的結果，並且這種結果總是給人類的生存與發展帶來某些不良影響和危害。因此，各種各類災害的總和，便構成了一個特殊的系統——災害系統。

災害系統同樣具有一般系統的三層含義：

第一，它是由天、地、人這三個子系統中各種災害現象和成災過程共同組成的有機整體。這裡的「天」系指地球以外的外部空間，從狹義上講即太陽系，從廣義上講，則可大至整個宇宙；這裡的「地」系指整個地球，特別是指由岩石圈、水圈、大氣圈等無機環境和生物圈共同組成的地表生態系統；這裡的「人」則指整個人類社會，包括經濟發展、社會進步和人們生活的改善等。

第二，組成災害系統的天、地、人三個子系統之間的各種災害現象不是彼此孤立、互不關聯的，而是具有不可分割的內在聯繫的。

第三，災害系統作為一個整體，與天、地、人三個子系統中的災害現象有著質的區別。在災害系統中，「天」能夠透過「地」或「人」對人類造成危害；「地」也能透過「天」或「人」的誘發對人類造成危害；至於災害系統中的「人」，則更是該系統的主體部分，所有災害現象及災害事件，都是相對該主體而言的，即天、地、人的運動變化對「人」所造成的有害影響。離開了「人」，便無所謂害與利的區別，災害系統也就不復存在了。

很明顯，現代災害系統有兩個主要特徵：

一、「龐大」

現代災害系統包括了天、地、人三個方面。這三個方面構成了災害系統的三個子系統。每一個子系統又包括若干層次的次級子系統，如地球子系統包括固體地球、流體地球和生物地球等。固體地球災害系統又可分為地質災害系統和地貌災害系統。

地質災害系統又可以分為固體活動災害，如地震、地裂縫、構造斷裂等，以及一些尚在爭議之中的所謂「超自然力災害」，如魔鬼三角洲、世界四大死亡谷等。同樣，流體地球災害可分為海洋災害（如颱風、龍捲風）、河流災害、湖泊災害等。

生物地球災害可分為人類災害、動物災害、植物災害等。以此類推，天和人這兩個子系統都可分為若干層次的次級子系統。各個層次的災害系統逐級疊加，形成一個龐大的災害系統。

二、「複雜」

災害系統由於具有龐大的體系、眾多的作用因子和縱橫交錯的內在結構關係，從而導致了種類繁多的災害現象，每一種災害現象又有其錯綜複雜的形成過程和發生發展規律。

現代災害系統又是個開放、非線性、動態的系統，使得災害系統隨時間不停的演化，在演化過程中可能出現不動點、分岔和突變等複雜的變化。因此，人們往往容易辨識各種災害的現象和結果，卻不易認清災害形成的過程及其發生發展規律。例如，地震這種災害現象，除了人們通常理解的板塊運動所引起的地震來說明其成因外，還有更多的誘發因素。

災害系統的各組成分之間錯綜複雜的聯繫，以及天、地、人之間不可分割的一致性，使得災害現象複雜多樣。一種災害可以受多種因素的誘發，如地震；一種誘發因素也可以導致多種災害發生，如太陽活動的增強可以誘發地震、洪水、乾旱、流行性疾病等；一種災害還可以誘發另一種災害，形成「災害鏈」，如地震誘發洪澇、瘟疫、海嘯等。災害可以相互誘發，同時也可以相互制約。

20 世紀 50 年代至 70 年代，義大利舉世聞名的「水都」威尼斯，地面在持續緩慢下沉，以至於聯合國向全球科學家發出了「救救威尼斯」的緊急呼籲，請大家提供錦囊妙計，但這一難題遲遲未能解決。

1976 年，該市附近的里亞斯特市發生了強烈地震，震後的威尼斯竟奇蹟般的停止了下沉，並且地面開始回彈，5 年裡共回升了 2 公分 。儘管威尼斯的回升原因目前還是個謎，可是，這顯然和地震有關。

現代災害系統的龐大和複雜，不僅是由於其自身的自然原因，而且還和現代社會人類活動的影響休戚相關。本來已經十分複雜的自然災害系統，再加上人類活動的影響，就變得更加複雜了。所以，認識災害，就必須從這個龐大、複雜的災害系統中去掌握，才能更為科學。

人類在減災防災中的地位和作用

人類自從誕生之日起，就以生物界前所未有的能力對自然進行著干預。

隨著人口的增加，經濟的發展，科學的進步，特別是社會組織功能的發揮，為了滿足日益增長的人口生存需要，人類向大自然無節制的索取土地、淡水、空氣、礦產等資源，並將廢料遺棄地球表層，使致災的人為作用日漸增加。加之人類工程活動對自然環境隨心所欲的改造和破壞，致使環境惡化，災害叢生。

長期以來，濫墾、濫伐、濫牧、濫採、濫捕、濫用和無處理排污等，對自然界實行了掠奪性的開發、利用，已造成土壤侵蝕、土地沙化、草原退化、森林枯竭、物種消亡和環境嚴重污染，加劇了洪澇災害、風沙災害、侵蝕災害和滑坡、山崩、土石流災害，使環境品質日趨惡化。

其嚴重程度已危及經濟建設和民族的生存與發展。現在應該是人類清醒的時候了！我們應該面對現實，自我反思，總結正反兩方面的經驗教訓，與大自然重修舊好。

產生自然災害的因素，雖然主要是自然力量導致自然變異，但人類活動也對其施加了強烈的影響。

就目前科學技術發展水平來說，大多數災因是我們人類所不能改變和不可抗拒的，但人類正努力在尋求減輕損失、降低強度的途徑和方法，在這些方面人類是大有可為的。例如，人工消雹、人工降雨就是成功的例子。

因此，人類應該提高認知，自覺的掌握、抑制和按客觀規律去支配自己的活動，盡量降低和減少人類活動誘發自然災害的頻率和強度。這實質上就是人類為減災防災作出的一種貢獻。

到目前為止，人類社會已發展到一個高度文明的社會階段，科學技術已相當發達，與自然災害的對抗已積累了豐富的經驗。雖然對那些強度很大的自然變異尚無力制止，但完全可以依賴人類的聰明才智，充分發揮社會組織的功能，協調全民的行動，有意識的把人類的積極作用充分發揮出來，合理開發與保護資源，保護與改善自然環境，逐漸減輕自然災害發生的頻率與強度。

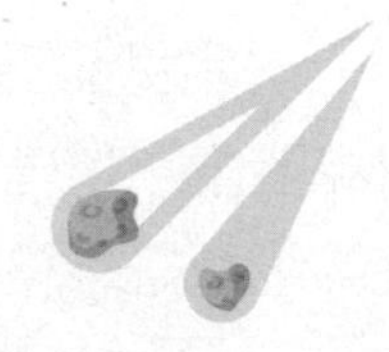

為何需提高全民防災意識與抗災能力

樹立防災意識，增強抗災認識，加強心理上對災害的承受能力、減輕自然災害的損失，是人類共同的迫切願望與需求。

從這個意義上看，採取一切有效措施，大力開展災害宣傳教育，提高全民的防災意識，是一項十分迫切和重要的事情。正反兩方面的許多事例充分說明，只有提高了全民的防災意識和抗災能力，才能使更多的人在災害發生前自覺的防避，當災害發生時提高自救與互救能力，從而真正做到減輕災害所造成的人員傷亡和經濟損失。

事實已充分說明，人類活動既可致災也能防災，能否做好防災抗災，其關鍵之一就是看人類對災害意識的高低。因而，要普及災害知識，提高全民防災意識，自覺節制違反自然規律、破壞自然環境的行為。

支持國家的各類防災行動，自覺的保護防災的監測和抗災防災設施，是每個公民義不容辭的責任和義務。現今科學技術的發展，經濟實力的提高，防災對策的制定，抗災措施的完善，都為減輕自然災害的損失創造了有利的條件。因此，應該樹立起相信科學，按科學規律辦事的觀念，切實的提高全民的防災能力。

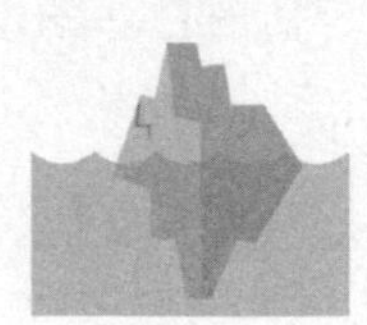

世界上兩條最大的自然災害帶

經過多年的研究，有關學者發現，世界上有兩條最大的自然災害帶。

第一條是環太平洋幾百公里寬的自然災害帶。這是世界性自然災害的一個重災區。全球活火山和歷史火山有 800 多處，其中 75％分佈在這一環帶內；全球 80％以上的地震，2/3 的颱風和海嘯、風暴潮以及大量地質災害和海岸帶災害都集中在這裡。而環太平洋地帶正是全世界人口最集中、經濟最發達的地區，這就決定了它是世界上最嚴重的自然災害帶的地位。

第二條是在北緯 20°～50° 之間地區，它也是一條環球自然災害帶。這一地帶是全球潮災、浪災、颱風最嚴重的地區。沿這一地帶地勢高低差大、地形複雜，所以，又是世界上山地地質災害和凍災最嚴重的地區。加之這一地帶受信風強烈影響和地貌複雜，因而雪災、水旱災害、大風、凍害等氣象災害和農林災害也相當嚴重。

除了上述兩條最大自然災害帶之外，還發現地球的南北向裂谷帶，包括東川裂谷，大西洋海嶺與太平洋海嶺、印度洋海嶺等，正是火山、地震較為嚴重的地帶。還有南半球的中低緯度帶的大陸內部和海島，也是地震、颱風、洪水和山地地質災害較為嚴重的地區。

地震的基本概念

地震就是地球表層的快速震動，在古代又稱為地動。它就像颳風、下雨、閃電、山崩、火山爆發一樣，是地球上經常發生的一種自然現象。它發源於地下某一點，該點稱為震源。

震動從震源傳出，在地球中傳播。地面上離震源最近的一點稱為震中，它是接受震動最早的部位。大地震動是地震最直接、最普遍的表現。在海底或濱海地區發生的強烈地震，能引起巨大的海浪，稱為海嘯。

地震是極其頻繁的，全球每年發生地震約 500 萬次，對整個社會有著很大的影響。

地震發生時，最基本的現象是地面的連續震動，主要是明顯的晃動。極震區的人在感到大的晃動之前，有時先感到上下跳動。這是因為地震波從地內向地面傳來，縱波先到達的緣故。橫波接著產生大振幅的水平方向的晃動，是造成地震災害的主要原因。

1960 年智利大地震時，最大的晃動持續了 3 分鐘。地震造成的災害，首先是破壞房屋和建築物，造成人畜的傷亡。如，1976 年中國河北唐山 7.8 級大地震中，70%～80%的建築物倒塌，人員傷亡慘重；2008 年 5 月 12 日四川省汶川縣 8.0 級大地震，把北川等重災區幾乎夷為平地，造成數萬人死亡或被掩埋失蹤，幾十萬人受傷。

地震對自然界景觀也有很大影響。最主要的後果是地面出現斷層和地裂縫。大地震的地表斷層常綿延幾十至幾百公里，往往具有較明顯的垂直錯距和水平錯距，能反映出震源處的構造變動特徵。

但並不是所有的地表斷裂都直接與震源的運動相聯繫，它們也可能是由於地震波造成的次生影響。特別是地表沉積層較厚的地區，坡地邊緣、河岸和道路兩旁常出現地裂縫，這往往是由於地形因素，在一側沒有依托的條件下晃動，使表土鬆垮和崩裂。

地震的晃動使表土下沉，淺層的地下水受擠壓會沿地裂縫上升至地表，形成土壤液化噴沙冒水現象。大地震能使局部地形改變，或隆起，或沉降。使城鄉道路坼裂、鐵軌扭曲、橋梁折斷。

在現代化城市中，由於地下管道破裂和電纜被切斷造成停水、停電和通訊受阻。煤氣、有毒氣體和放射性物質洩漏而導致火災和毒物、放射性污染等次生災害。在山區，地震還能引起山崩和滑坡，常造成掩埋村鎮的慘劇。崩塌的山石堵塞江河，在上游形成堰塞湖。四川汶川 8.0 級大地震中，就引發了多起滑坡、土石流事故，形成了數十個大小不等的堰塞湖。

一般來說，在震前的一段時間內，震區附近總會出現一些異常變化。如地下水的變化，突然升、降或變味、發渾、發響、冒泡；氣象的變化，如天氣驟冷、驟熱，出現大旱、大澇；電磁場的變化、臨震前動物和植物的異常反應，等等。

根據這些反應進行綜合研究，再加上專業部門從地震機制、地震地質、地球物理、地球化學、生物變化、天體影響及氣象異常等方面，利用儀器觀測的數據進行處理分析，就可能對發震的時間、地點和震級進行預報。但是，由於地震成因的複雜性和發震的突然性，以及人們現時的科學水平有限，直到今天，地震預報還是一個世界性的難題，在世界上尚無一個可靠途徑和方式能準確的預報所有破壞性地震。為此，很多地震工作者和專家都在努力地探索著。

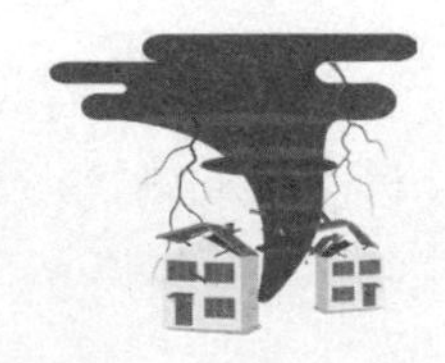
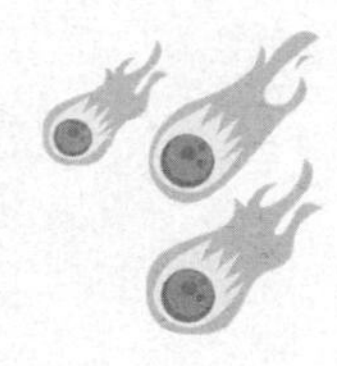

地震的震級和深度

震級是表示地震強弱的量度，它與地震所釋放的能量有關。一個6級地震釋放的能量相當於美國投擲在日本廣島的原子彈所具有的能量。震級每相差1.0級，能量相差大約30倍；每相差2.0級，能量相差約1000倍。也就是說，一個6級地震相當於30個5級地震，而1個7級地震則相當於1000個5級地震。目前世界上最大的地震震級為8.9級。

按震級大小，可把地震劃分為以下幾類：

一、弱震

震級小於3級。如果震源不是很淺，這種地震人們一般不易覺察。

二、有感地震

震級等於或大於3級、小於或等於4.5級。這種地震人們能夠感覺到，但一般不會造成破壞。

三、中強震

震級大於4.5級、小於6級。屬於可造成破壞的地震，但破壞輕重還與震源深度、震中距等多種因素有關。

四、強震

震級等於或大於6級。其中震級大於等於8級的又稱為巨大地震。

同樣大小的地震，造成的破壞不一定相同；同一次地震，在不同的地方造成的破壞也不一樣。為了衡量地震的破壞程度，科學家又「製作」了另一把「尺」——地震深度。地震深度與震級、震源深度、震中距，以及震區的土質條件等有關。

一般來講，一次地震發生後，震中區的破壞最重，深度最高，這個深度稱為震中深度。從震中向四周擴展，地震深度逐漸減小。

所以，一次地震只有一個震級，但它所造成的破壞，在不同的地區是不同的。也就是說，一次地震，可以劃分出好幾個深度不同的地區。這與一顆炸彈爆炸後，近處與遠處破壞程度不同道理一樣。炸彈的炸藥量，好比是震級；炸彈對不同地點的破壞程度，好比是深度。

地震深度可劃分為 12 度，不同深度的地震，其影響和破壞大致如下：

一、小於 3 度。人無感覺，只有儀器才能記錄到。

二、3 度。在夜深人靜時人有感覺。

三、4 ～ 5 度。睡覺的人會驚醒，吊燈搖晃。

四、6 度。器皿傾倒，房屋輕微損壞。

五、7 ～ 8 度。房屋受到破壞，地面出現裂縫。

六、9 ～ 10 度。房屋倒塌，地面破壞嚴重。

七、11 ～ 12 度。毀滅性的破壞。

人人皆應掌握的地震安全知識

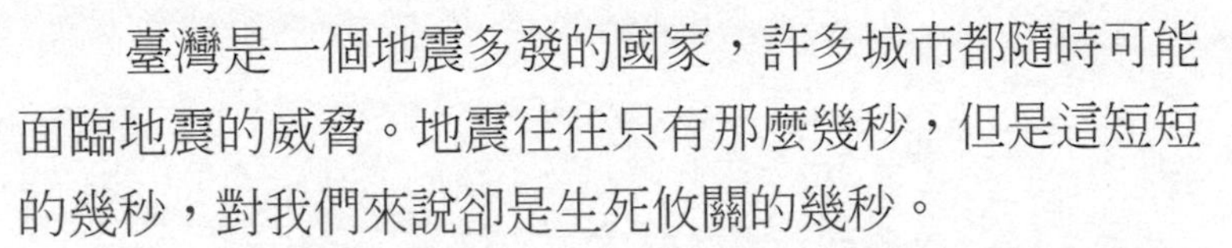

臺灣是一個地震多發的國家，許多城市都隨時可能面臨地震的威脅。地震往往只有那麼幾秒，但是這短短的幾秒，對我們來說卻是生死攸關的幾秒。

如果我們能夠多瞭解一些地震的應急、躲避和自救常識，一旦地震災害突降，就能盡量避免和減少傷害，增加生存的希望。因此，每個人都應該在平時主動學習一些必要的地震安全知識。

一、面對地震要保持冷靜

俗語說：「小震不用跑，大震跑不了。」地震發生時，至關重要的是要有清醒的頭腦，鎮靜自若的態度。只有鎮靜，才有可能減少不必要的傷害，盡量保護自己

的安全。

遇到地震的時候，千萬不可驚慌失措，跳樓逃跑。因為地震強烈震動時間只有一分鐘左右，相當短促，從打開門窗到跳樓往往需要一段時間，特別是人站立行走困難，如果門窗被震歪變形打不開，那耗費的時間就更多了。有的人慌了手腳，急不可待，用手砸玻璃，結果把手也砸傷了。

另外，樓房如果很高，跳樓可能會摔死或摔傷，即使安全著地，也有可能被倒塌下來的東西砸死或砸傷。

根據每次大地震的震害調查結果顯示，因跳樓或逃跑而傷亡的人數在六種主要傷亡形式（直接傷亡、悶壓致死、跳樓或逃跑、躲避地點不當、重返危房、搶救或護理不正當等）中佔第三位。

地震時，造成鋼筋混凝土大樓一塌到底的情況畢竟較少，完全倒塌一般是主震後的強餘震所致。

因為鋼筋混凝土的建築物，除了具有一定的剛性外，還有相當的韌性。這就是主震往往不可能一下子徹底摧毀混凝土建築物的原因。所以，地震時暫時躲避在堅實的傢俱下或牆角處，是較為安全的。

另外也可轉移到承重牆較多，隔間較小的廚房、洗手間等處去暫避一時。因為這些地方跨度小而剛度大，加之有些管道支撐，抗震性能較好。室內避震不管躲在哪裡，都一定要注意避開牆體薄弱的部位，如門窗附近等。躲過主震後，應迅速撤至戶外。撤離時注意保護頭部，最好用枕頭、被子等柔軟物體護住頭部。

二、掌握一些地震應急的基本常識

地震晃動時間一般為1分鐘左右，這時，孩子首先應顧及的是自己的安全，因為只有你安全的躲避了，父母才會考慮躲避。

大地震時，很容易引發火災。因此，我們每個人關火、滅火的這種能力，是能否將地震災害控制在最低傷害損失程度的重要因素。為了不使火災釀成大禍，早期滅火很重要。

地震時關火的機會有三次：第一次在大的晃動來臨之前出現小晃動時，關閉正在使用的電暖器、瓦斯爐等；第二次機會在大的晃動停息的時候，再一次關火；第三次在著火之後，即便發生失火，在1～2分鐘之內，還是可以撲滅的，為了能夠迅速滅火，請將滅火器放置在離火點較近的地方。

地震發生後不要慌張的向戶外跑。因為碎玻璃、屋

頂上的磚瓦、從高處等掉下來砸在身上是很危險的。此外，鷹架、自動販賣機等也有倒塌的危險。

鋼筋水泥結構的房屋，由於地震的晃動會造成門窗錯位，打不開門。因此要有一旦被關在屋子裡如何逃生的方法，準備好梯子、繩索等。

在戶外的場合，要保護好頭部，避開危險之處。當大地劇烈搖晃，站立不穩的時候，人們都會有扶靠、抓住什麼的心理。身邊的門柱、牆壁大多會成為扶靠的對象。但是，這些看上去挺結實牢固的東西，實際上是很危險的。

在繁華街道、大樓林立的都會區，最危險的是玻璃窗、廣告牌等物落下來砸傷人，注意用手或手提包等物保護好頭部。在大樓林立的都會區，要根據情況，進入建築物中躲避反而更安全。

在百貨公司、地下街等人員較多的地方，最可怕的是發生混亂，請依照商店職員、警衛人員的指示來行動。就地震而言，地下街道是比較安全的。即便發生停電，緊急照明也會立即亮起來，請鎮靜的採取行動。如發生火災，以壓低身體姿勢避難。

在山邊、陡峭的傾斜地段，地震時有發生山崩、斷崖落石的危險，應迅速到安全的場所避險。在海岸邊，發生地震時，有遭遇海嘯的危險。注意收聽海嘯警報，迅速到安全的場所避險。

三、掌握一些自救的基本常識

地震中被埋在廢墟下的人員，即使身體不受傷，也有可能被煙塵嗆悶窒息的危險。因此，這時應注意用手、衣服或衣袖等捣住口鼻，避免意外事故的發生。另外，還應想辦法將手與腳掙脫開來，並利用雙手和可以活動的其他部位清除壓在身上的各種物體。用磚塊、木頭等支撐住可能塌落的重物，盡量將「安全空間」擴大些，保持足夠的空氣呼吸。

若環境和體力許可，應盡量想法逃離險境，如果床、窗戶、椅子等旁邊還有空間的話，可以從下面爬過去，或者仰面蹭過去。倒退時，要把上衣脫掉，把帶有皮帶扣的皮帶解下來，以免中途被阻礙物掛住，最好朝著有光線和空氣的地方移動。

無力脫險自救時，應盡量減少氣力的消耗，堅持的時間越長，得救的可能性越大。

地震中，在被壓埋的期間裡，要想辦法尋找代用食物，俗話說，飢不擇食，此時，若要生存，只能這樣做。

在大地震時這類例子相當多。例如，有個小孩抱著枕頭被壓在廢墟裡，餓極了的時候，就用枕頭裡的綠豆殼充飢，堅持到獲救為止。有一人靠飲用床下一盆未倒的洗腳水而生存下來。

一般情況下，被壓在廢墟裡的人聽外面的人聲音比較清楚，而外面的人對裡面發出的聲音則不容易聽見。因此，要靜臥，保持體力，只有聽到外面有人時再呼喊，或敲擊管道、牆壁等一切能使外界聽到的方法，才能收到良好的效果。

四、學會識別地震謠傳

一個人具備了一定的防震抗災常識和科學分析能力後，就能識別地震謠傳，從而避免盲目行動，避免造成不必要的損失。主要從以下三個方面識別地震謠傳：

1. 是否具有科學性：那些明顯違反科學原理，且帶有濃厚的迷信色彩的「地震消息」必為地震謠傳。例如，「某月某日將在某地發生某級地震」的說法肯定是地震謠傳。因為當前地震預報，不可能對地震作出如此準確的臨震預報。又如，「地牛翻身」、閏年、閏月等說法因帶有明顯的迷信色彩，也必為地震謠傳。

2. 是否符合地震預報規定和國際慣例：例如，「某某著名專家或研究機構預報的」，這種消息必為地震謠傳。因為任何個人和機構都無權發佈地震預報。又如，「XX之音」或其他外國報刊報導某地將發生大地震之類的消息，也肯定是謠傳。因為聯合國曾規定，任何國家都無權進行跨國地震預報。

3. 是否屬牽強附會或盲目猜疑：例如，有人將天氣變化或自然界其他異常現象說成是將要發生大地震的前兆，這類傳言也不可信。

有關海嘯的基本知識

海嘯是一種具有強大破壞力、災難性的海浪，通常由震源在海底下 50 公里以內、震級 6.5 以上的海底地震引起。水下或沿岸山崩以及火山爆發也可能引起海嘯。在一次震動之後，震盪波在海面上以不斷擴大的圓圈，傳播到很遠的距離。

海嘯在外海時由於水深，波浪起伏較小，不易引起注意，但到達岸邊淺水區時，巨大的能量使波浪驟然升高，形成內含極大能量、高達十幾米甚至數十米的「水牆」，衝上陸地後所向披靡，往往造成對生命和財產的嚴重摧殘。

海嘯發生有兩種形式：一是濱海、島嶼或海灣的海水反常退潮或河流沒水，而後海水突然席捲而來、衝向陸地；二是海水陡漲，突然形成幾十米高的水牆，伴隨隆隆巨響湧向濱海陸地，而後海水又驟然退去。一般的說，海嘯是有一定的前兆的。比如：

地面強烈震動——可能由海洋地震引起，不久可能發生海嘯。因為地震波先於海嘯到達近海岸，人們有時間及時避險。

潮汐突然反常漲落——海平面顯著下降或有巨浪襲來時，必須以最快的速度撤離岸邊。

需要注意的是，海水異常退去時，往往會把魚蝦等許多海生動物留在淺灘。此時千萬不能去撿魚或看熱鬧，必須迅速離開海岸，轉移到內陸高處。

海嘯發生時，一定要採取積極得體的應急措施：接到海嘯警報應立即切斷電源；關閉瓦斯；停在港灣的船舶和航行的海上船隻立即駛向深海區，不要停留在港口、回港或靠岸。

應特別注意的是：不要因顧及財產損失而喪失逃生時間！不幸落水時，要盡量抓住木板等漂浮物，避免與其硬物碰撞；不要舉手，不要亂掙扎，盡量不要游泳，能浮在水面即可；海水溫度偏低時，不要脫衣服；不要喝海水；盡可能向其他落水者靠攏，積極互助、相互鼓勵，盡力使自己易於被救援者發現。

怎樣識別和判斷滑坡

滑坡是指斜坡上不穩定的大量鬆散土體或岩體，沿著一定的滑動面向下作整體滑動的一種地質現象。

地表水（特別是大的洪水）和地下水作用、地震及人為不合理工程活動對斜坡岩、土體穩定性的破壞，常是促使滑坡發生的主要原因。

由於所處地質環境和引起的原因不同，滑坡的速度也不相同，有的是緩慢的，有的呈週期性，有的是突發的、速度較快。

滑坡常發生在雨季中或春季冰雪融化時。滑坡的地點，主要是山谷坡地、海洋、湖泊、水庫、渠道和河流的岸坡以及露天採礦場所等。

為防止滑坡這種地質災害，可採取許多有效措施，如降低斜坡坡度、阻止地表水滲入地下、排放地下水等。

但如何做到準確預防和徹底控制滑坡的發生，仍是當前擺在全世界地質工作者面前的艱巨任務。

一、滑坡前的異常現象

不同類型、不同性質、不同特點的滑坡，在滑動之前，均會表現出不同的異常現象。

顯示出滑坡的預兆（前兆）。歸納起來常見的，有如下幾種：

1. 大滑動之前，在滑坡前緣坡腳處，有堵塞多年的泉水復活現象，或者出現泉水（井水）突然乾枯，井（鑽孔）水位突變等類似的異常現象。

2. 在滑坡體中，前部出現橫向及縱向放射狀裂縫，它反映了滑坡體向前推擠並受到阻礙，已進入臨滑狀態。

3. 大滑動之前，滑坡體前緣坡腳處，土體出現上隆（凸起）現象，這是滑坡明顯的向前推擠現象。

4. 大滑動之前，有岩石開裂或被剪切擠壓的音響。這種現象反映了深部變形與破裂。動物對此十分敏感，會有異常反應。

5. 臨滑之前，滑坡體四周的岩（土）體會出現小型崩塌和鬆弛現象。

6. 如果在滑坡體有長期位移觀測資料，那麼大滑動之前，無論是水平位移量或垂直位移量，均會出現加速變化的趨勢。這是臨滑的明顯跡象。

7. 滑坡後緣的裂縫急劇擴展，並從裂縫中冒出熱氣或冷風。

8. 臨滑之前，在滑坡體範圍內的動物驚恐異常，植物變態。如豬、狗、牛驚恐不寧，不入睡，老鼠亂竄不進洞，樹木枯萎或歪斜等。

二、滑坡的識別方法

在野外，從宏觀角度觀察滑坡體，可以根據一些外表跡象和特徵，粗略的判斷它的穩定性。

1. 已穩定的老滑坡體有以下特徵：後壁較高，長滿了樹木，找不到擦痕，且十分穩定；滑坡平台寬大、且已夷平，土體密實，有沉陷現象；滑坡前緣的斜坡較陡，土體密實，長滿樹木，無鬆散崩塌現象。前緣迎河部分有被河水沖刷過的現象；目前的河水遠離滑坡的舌部，甚至在舌部外已有漫灘、階地分佈；滑坡體兩側的自然沖刷溝切割很深，甚至已達基岩；滑坡體舌部的坡腳有清晰的泉水流出……

2. 不穩定的滑坡體常具有下列跡象：滑坡體表面總

體坡度較陡，而且延伸很長，坡面高低不平；有滑坡平台、面積不大，且有向下緩傾和未夷平現象；滑坡表面有泉水、濕地，且有新生沖溝；滑坡表面有不均勻沉陷的局部平台，參差不齊；滑坡前緣土石鬆散，小型坍塌時有發生，並面臨河水沖刷的危險；滑坡體上無巨大直立樹木。

影響崩塌、滑坡和土石流生成的主因

一般來說，按影響崩、滑、流生成因素本身所具有的變化速率，可分成以下三類：

一、緩變因素類

主要是海拔、相對高程、地形坡度、岩土體工程地質岩性組、斜坡結構與形態、斷裂活動、現代構造應力場、地殼垂直形變、氣候帶類型；

二、頻變因素類

主要是大氣降水、地震、人類經濟活動

三、不明確因素類

水文地質結構與條件、河流侵蝕作用、植被條件等。

統計分析顯示，上述各因素都對崩、滑、流的生成與活動有一定的影響，而自然地理因素和地質因素是控制崩、滑、流活動水平的決定性因素。其中影響活動水平大的主要是海拔高度、地形坡度和氣候類型，其他因素影響相對較弱。

影響土石流活動水平的除海拔高度、地形坡度、氣候帶類型外，活動斷裂、工程地質岩性組影響更為突出。當然，某些地段或局部場地，人類經濟活動影響相當突出，且有隨人類經濟活動強度水平提高而增強的趨勢。

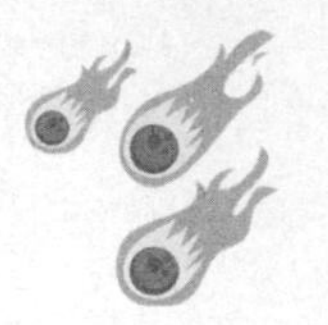

有關火山的基本知識

火山口是地球釋放熱量、氣體的裂口。火山由地球深處的岩漿等高溫物質穿過地殼裂縫，噴發出地面而形成的錐形山體。地球學上又稱堆積山。又有活火山、死火山之分。活火山即人類歷史記載中經常或週期性噴發的火山；死火山即人類歷史記載中沒有噴發過的火山，但誰也無法得知它們什麼時候會在睡夢中突然醒來。

地球上有 2 個最大的火山活動帶——環太平洋火山帶和地中海火山帶。

世界上共有 850 多座活火山（陸地上有 700 多座、海底有 100 多座），其中 3/4 分佈在環太平洋火山帶，成為地球佩戴的「火環」。

活火山的爆發是毫無規律可循的，它彷彿是一個擁有無限神力的力士，爆發時產生的威力讓人難以想像。

1980 年 5 月 18 日，美國華盛頓州聖海倫火山噴發，衛星拍下珍貴照片，經過分析顯示，火山爆發的衝擊波穿過 200 公里厚的大氣層，釋放出相當於 500 多枚美國當年投入廣島的原子彈的能量。熾熱噴湧的岩漿使房屋、橋梁、公路、森林、人畜毀於一旦。

全世界至少有 20 座城市被爆發的火山瞬間徹底毀滅。其中最早的記載是公元前 1470 年的古希臘，當時繁華的克諾索斯古城被突如其來爆發的桑托林島火山夷為平地，50 米高的巨浪席捲東地中海島嶼和海岸，米諾斯文明中心以及 130 公里外的克里特島瞬間毀滅。

公元 79 年，義大利的維蘇威火山，在瞬間將附近的龐貝、斯特比雅、格爾庫拉魯姆、奧普隆基四座繁榮一時的古城堡埋葬在火山噴發物下。

這些都給人類文明留下了永遠的遺憾。也使人類認識到，我們所謂的輝煌文明在大自然的威力面前是那麼的蒼白無力，而火山爆發帶來的災難又是那麼的不可抗拒。

火山爆發除了直接毀滅一切外，還引發一系列的災害——火災、海嘯、土石流、洪水；形成隨時可能決口火山口湖；火山灰非常細小，隨風飄飛到遙遠的地方或

上升到高空，長期瀰漫，造成能見度降低，導致空難、交通事故，甚至使氣候變異出現「冷夏」。1783 年，日本淺間山火山大爆發，使日本出現「冷夏」，甚至在東北部出現凍害。

火山的噴發物——二氧化碳、二氧化硫、氫、氯、硫化氫等，還會污染空氣，形成酸雨，產生溫室效應。

火山燃起大火—— 1977 年 1 月 7 日，非洲尼拉貢戈火山爆發，燒燬扎伊爾、盧旺達兩國 430 平方公里的熱帶雨林。

火山引爆海嘯—— 1883 年 8 月 27 日，印度尼西亞巽他海峽中的喀拉喀托火山爆發，引發人類有史以來最大的海嘯，掀起高達三四十米的狂浪，吞沒這一海域全部船隻，爪哇島、蘇門答臘島沿岸的房屋、車輛、人畜全部被捲入波濤洶湧的大海。僅印度尼西亞，就有 3.6 萬人在這次海嘯中喪生，經濟損失無法估量。

火山引起土石流—— 1943 年 2 月，墨西哥帕利科那火山爆發，附近山坡覆蓋了六、七十公分 厚的火山灰。當颶風暴雨席捲墨西哥時，形成土石流，瞬間埋葬了山下三個村莊和數十名村民，600 多平方公里農田被毀。

火山引發洪水── 1985 年 11 月 13 日哥倫比亞托利馬省位於 5000 米高原的路易斯火山爆發，將上千年來的積雪瞬間融化，山洪飛洩，洪水波及 3 萬多平方公里，使 2.5 萬人喪生，13 萬人無家可歸，15 萬牲畜死亡，200 多平方公里的農田、果園被毀，經濟損失超過 50 億美元。

有關洪水的基本知識

洪水一詞，自先秦《尚書 · 堯典》。該書記載了4000 多年前黃河的洪水。據中國歷史洪水調查資料，公元前 206 到公元 1949 年間，有 1092 年有較大水災的記錄。

江、河、湖、海所含的水體上漲，超過常規水位的水流現象。洪水常威脅沿河、濱湖、近海地區的安全，甚至造成淹沒災害。自古以來洪水給人類帶來很多災難，如黃河和恆河下游常氾濫成災，造成重大損失。

洪水是一個十分複雜的災害系統。因為它的誘發因素極為廣泛，水系氾濫、風暴、地震、火山爆發、海嘯等都可以引發洪水，甚至人為因素也可以造成洪水氾濫。常見的洪水類型有：

一、雨洪水

雨洪水多發生在中低緯度地帶，洪水的發生多由雨形成。大江大河的流域面積大，且有河網、湖泊和水庫的調蓄，不同場次的雨在不同支流所形成的洪峰，彙集到幹流時，各支流的洪水過程往往相互疊加，組成歷時較長漲落較平緩的洪峰。小河的流域面積和河網的調蓄能力較小，一次雨就形成一次漲落迅猛的洪峰。

二、山洪

山洪為山區溪溝，由於地面和河床坡降都較陡，降雨後產流、匯流都較快，形成急劇漲落的洪峰。

三、土石流

土石流為雨引起山坡或岸壁的崩坍，大量土石連同水流下洩而形成。

四、融雪洪水

融雪洪水是在高緯度嚴寒地區，冬季積雪較厚，春季氣溫大幅度升高時，積雪大量融化而形成。

五、冰淩洪水

冰淩洪水是由於在中高緯度地區內，由較低緯度地區流向較高緯度地區的河流（河段），在冬春季節因上

下游封凍期的差異或解凍期差異，可能形成冰塞或冰壩而引起。

六、潰壩洪水

潰壩洪水是水庫失事時，存蓄的大量儲水突然瀉放，形成下游河段的水流急劇增長甚至漫槽成為立波向下游推進的現象。冰川堵塞河道、壅高水位，然後突然潰決時，地震或其他原因引起的巨大土體坍滑堵塞河流，使上游的水位急劇上漲，當堵塞壩體被水流衝開時，在下游地區也形成這類洪水。

七、湖泊洪水

由於河湖水量交換或湖面大風作用或兩者同時作用，可發生湖泊洪水。吞吐流湖泊，當入湖洪水遭遇和受江河洪水嚴重頂托時常產生湖泊水位劇漲，因盛行風的作用，引起湖水運動而產生風生流，有時可達 5 ～ 6 米，如北美的蘇必略湖、密西根湖和休倫湖等。

八、天文潮

天文潮是海水受引潮力作用，而產生的海洋水體的長週期波動現象。海面一次漲落過程中的最高位置稱高潮，最低位置稱低潮，相鄰高低潮間的水位差稱潮差。加拿大芬迪灣最大潮差達 19.6 米，中國杭州灣的澉浦最大潮差達 8.9 米。

九、風潮

風潮是颱風、溫帶氣旋、冷鋒的強風作用和氣壓驟變等強烈的天氣系統引起的水面異常升降現象。它和相伴的狂風巨浪可引起水位上漲，又稱風潮增水。

十、海嘯

海嘯是水下地震或火山爆發所引起的巨浪。

在各種自然災害中，洪水造成死亡的人口佔全部因自然災害死亡人口的 75%，經濟損失佔到 40%。更加嚴重的是，洪水總是在人口稠密、農業墾殖度高、江河湖泊集中、降雨充沛的地方，如北半球暖溫帶、亞熱帶。中國、孟加拉國是世界上水災最頻繁、肆虐的地方，美國、日本、印度和歐洲也較嚴重。

在孟加拉，1944 年發生特大洪水，淹死、餓死 300 萬人，震驚世界。連續的暴雨使恆河水位暴漲，將孟加拉一半以上的國土淹沒。孟加拉一直洪災不斷。1988 年再次發生駭人洪水，淹沒 1/3 以上的國土，使 3000 萬人無家可歸。洪水竟使這個國家成為全世界最貧窮的國家之一。

颱風的等級和類型

颱風又稱颶風，指形成於赤道海洋附近的熱帶氣旋。颶風常常行進數千公里，橫掃多個國家，造成巨大損失。

地球上風災最嚴重的是加勒比海地區、孟加拉灣、中國、菲律賓，其次是中美洲、美國、日本、印度；南大西洋受颱風的影響最小。其原因在於，風源多出自印度洋、太平洋、大西洋的熱帶海域。

據統計，全球每年產生風力達 8 級以上的熱帶氣旋有 80 多個，死亡人數約 2 萬人，經濟損失超過 80 億美元。歷史上造成死亡人數達 10 萬以上的颶風災難就達 8 次。

20 世紀最大的颶風災難發生在孟加拉：1970 年 11 月 12 日，颶風夾帶風暴潮席捲孟加拉，30 萬人死亡，

28 萬頭牛、50 萬隻家禽死亡，經濟損失無法計量。

1999 年 9 月，「弗洛伊德」颶風襲擊美國東部地區，造成至少 47 人死亡，自 9 月 14 日在美國東南部沿海登陸後，一路北上，先後襲擊了佛羅里達、佐治亞、南卡羅來納、北卡羅來納、紐約等州及首都華盛頓，造成了嚴重的人員傷亡和財產損失。風速最高達每小時約 200 公里，2 天後降至每小時 100 毫米以下，已轉變為熱帶風暴。

「弗洛伊德」颶風所過之處，普降暴雨，造成許多地方被淹，民房受損，交通停頓，供電中斷，人們的工作和生活受到嚴重影響。

在南卡羅來納、北卡羅來納、新澤西和維吉尼亞州，颶風共造成 150 萬戶人家停電。新澤西州及華盛頓、巴爾的摩、費城和紐約等市的公立學校普遍停課，300 萬學生不能上學。

此外，航班停飛，火車停運，造成數萬名旅客滯留。在華盛頓，不少聯邦政府部門只留值班人員，國會眾議院的會議也推遲舉行，許多活動被迫取消。

根據風速的不同，颱風可分為如下幾種等級和類型：

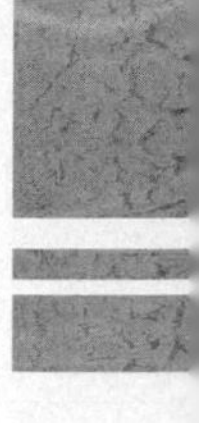

超強颱風——底層中心附近最大平均風速大於等於51.0 米 / 秒，也即 16 級或以上。

強颱風——底層中心附近最大平均風速 41.5 ～ 50.9 米 / 秒，也即 14 ～ 15 級。

颱風——底層中心附近最大平均風速 32.7 ～ 41.4 米 / 秒，也即 12 ～ 13 級。

強熱帶風暴——底層中心附近最大平均風速 24.5 ～ 32.6 米 / 秒，也即風力 10 ～ 11 級。

熱帶風暴——底層中心附近最大平均風速 17.2 ～ 24.4 米 / 秒，也即風力 8 ～ 9 級。

熱帶低壓——底層中心附近最大平均風速 10.8 ～ 17.1 米 / 秒，也即風力為 6 ～ 7 級。

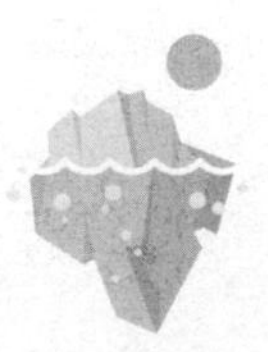

颱風的形成

在熱帶洋面上經常有許多弱小的熱帶渦旋，我們稱它們為颱風的「胚胎」，因為颱風總是由這種弱的熱帶渦旋發展成長起來的。一般說來，一個颱風的發生，需要具備以下幾個基本條件：

一、要有足夠廣闊的熱帶洋面

這個洋面不僅要求海水表面溫度要高於 26℃，而且在 60 米深的一層海水裡，水溫都要超過這個數值。其中廣闊的洋面是形成颱風時的必要自然環境，因為颱風內部空氣分子間的摩擦，每天平均要消耗 3100 ～ 4000 卡 / 平方公分 的能量，這個巨大的能量只有廣闊的熱帶海洋釋放出的潛熱才可能供應。

另外，熱帶氣旋周圍旋轉的強風，會引起中心附近的海水翻騰，在氣壓降得很低的颱風中心，甚至可以造成海洋表面向上湧起，繼而又向四周散開，於是海水從颱風中心向四周翻騰。颱風裡這種海水翻騰現象能影響到 60 米的深度。在海水溫度低於 26℃的洋面上，因熱能不夠，颱風很難維持。為了確保在這種翻騰作用過程中，海面溫度始終在 26℃以上，這個暖水層必須有 60 米左右的厚度。

二、在颱風形成之前，要先有一個弱的熱帶渦旋存在

我們知道，任何一部機器的運轉，都要消耗能量，這就要有能量來源。颱風也是一部「熱機」，它以如此巨大的規模和速度在那裡轉動，要消耗大量的能量，因此要有能量來源。

颱風的能量是來自熱帶洋面上的水氣。在一個事先已經存在的熱帶渦旋裡，渦旋內的氣壓比四周低，周圍的空氣夾帶大量的水氣流向渦旋中心，並在渦旋區內產生向上運動，濕空氣上升，水氣凝結，釋放出巨大的凝結潛熱，才能促使颱風這部大機器運轉。所以，既使有了高溫高濕的熱帶洋面供應水氣，如果沒有空氣強烈上升，產生凝結釋放潛熱過程，颱風也不可能形成。所以，空氣的上升運動是生成和維持颱風的一個重要因素。然而，其必要條件則是先存在一個弱的熱帶渦旋。

三、要有足夠大的地球自轉偏向力

因為赤道的地轉偏向力為零，而向兩極逐漸增大，因此，颱風發生的地點大約離開赤道 5 個緯度以上。由於地球的自轉，便產生了一個使空氣流向改變的力，稱為「地球自轉偏向力」。在旋轉的地球上，地球自轉的作用使周圍空氣很難直接流進低氣壓，而是沿著低氣壓的中心作逆時針方向旋轉（在北半球）。

四、在弱低壓上方，高低空之間的風向風速差別要小

在這種情況下，上下空氣柱一致行動，高層空氣中熱量容易積聚，從而增暖。氣旋一旦生成，在摩擦層以上的環境氣流將沿等壓線流動，高層增暖作用也就能進一步完成。在 20°N 以北地區，氣候條件發生了變化，主要是高層風很大，不利於增暖，颱風不易出現。

上面所講的只是颱風產生的必要條件，具備這些條件，不等於就有颱風發生。颱風發生是一個複雜的過程，至今尚未徹底瞭解清楚。

颱風是怎樣命名和編號的

人們對颱風的命名始於 20 世紀初，據說，首次給颱風命名的是 20 世紀早期的一個澳大利亞預報員，他把熱帶氣旋取名為他不喜歡的政治人物，藉此，氣象播報員就可以公開的戲稱它。

在西北太平洋，正式以人名為颱風命名的事始於 1945 年，剛開始時只用女人名，以後據說因受到女權主義者的反對，從 1979 年開始，用一個男人名和一個女人名交替使用。

直到 1997 年 11 月 25 日至 12 月 1 日，在香港舉行的世界氣象組織（簡稱 WMO）颱風委員會第 30 次會議決定，西北太平洋和南海的熱帶氣旋採用具有亞洲風格的名字命名，並決定從2000年1月1日起開始使用新的命名方法。

新的命名方法是，事先制定的一個命名表，然後按順序年復一年地循環重複使用。命名表共有140個名字，分別由WMO所屬的亞太地區的柬埔寨、中國、朝鮮、香港、日本、老撾、澳門、馬來西亞、密克羅尼西亞、菲律賓、韓國、泰國、美國以及越南等14個成員國和地區提供。每個國家或地區提供10個名字。

這140個名字分成10組，每組的14個名字，按每個成員國英文名稱的字母順序依次排列，按順序循環使用，這就是西北太平洋和南海熱帶氣旋命名表。

同時，保留原有熱帶氣旋的編號。具體的要求還包括：每個名字不超過9個字母；容易發音；在各成員語言中沒有不好的意義；不會給各成員帶來任何困難；不是商業機構的名字；選取的名字應得到全體成員的認可，如有任何一成員反對，這個名稱就不能用作颱風命名。

在颱風命名表中已很少用人名，大多使用了動物、植物、食品等的名字，還有一些名字是某些形容詞或美麗的傳說，如玉兔、悟空等。「杜鵑」這個名字是中國提供的，就是我們熟悉的杜鵑花；「科羅旺」是柬埔寨提供的，是一種樹的名字；「莫拉克」是泰國提供的，意為綠寶石；「伊布都」是菲律賓提供的名字，意為煙囪或將雨水從屋頂排至水溝的水管。

颱風的實際命名使用工作由日本氣象廳東京區域專業氣象中心負責，當日本氣象廳將西北太平洋或南海上的熱帶氣旋確定為熱帶風暴強度時，即根據列表給予名稱，並同時給予一個四位數字的編號。

編號中前兩位為年份，後兩位為熱帶風暴在該年生成的順序。例如，0704，即 2007 年第 4 號熱帶風暴。

根據規定，一個熱帶氣旋在其整個生命過程中無論加強或減弱，始終保持名字不變。如 0704 號熱帶風暴、強熱帶風暴和颱風，其英文名均為「Man-Yi」，中文名為「萬宜」。

為避免一名多譯造成的不必要的混亂，中國中央氣象台和香港天文台、澳門地球物理暨氣象台經過協商，已確定了一套統一的中文譯名。

一般情況下，事先制定的命名表按順序年復一年地循環重複使用，但遇到特殊情況，命名表也會進行一些調整，如當某個颱風造成了特別重大的災害或人員傷亡而聲名狼藉，成為公眾知名的颱風後，為了防止它與其他的颱風同名，颱風委員會成員可申請將其使用的名稱從命名表中刪去，也就是將這個名稱永遠命名給這次熱帶氣旋，其他熱帶氣旋不再使用這一名稱。

當某個颱風的名稱被從命名表中刪除後，颱風委員會將根據相關成員的提議，對熱帶氣旋名稱進行增補。

颱風的危害和利用

颱風在海上移動，會掀起巨浪，狂風暴雨接踵而來，對航行的船隻可造成嚴重的威脅。當颱風登陸時，狂風暴雨會給人們的生命財產造成巨大的損失，尤其對農業、建築物的影響更大。

但是，颱風也並非全給人類帶來不幸，除了其「罪惡」的一面外，也有為人類造福的時候。對某些地區來說，如果沒有颱風，這些地區莊稼的生長、農業的豐收就不堪設想。

西北太平洋的颱風、西印度群島的颶風和印度洋上的熱帶風暴，幾乎佔全球強的熱帶氣旋總數的60%，給肥沃的土地上帶來了豐沛的雨水，造成適宜的氣候。

颱風降水是夏季雨量的主要來源；正是有了颱風，才使得平原地區的旱情解除，確保農業豐收；也正是因為颱風帶來的大量降水，才使許多大小水庫蓄滿雨水，水利發電機組能夠正常運轉，節省萬噸原煤；在酷熱的日子裡，颱風來臨，涼風習習，還可以降溫消暑。所以，有人認為颱風是「使局部受災，讓大面積受益」，這不是沒有道理的。

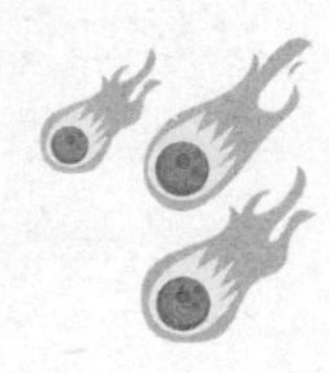

龍捲風的形成過程

龍捲風是一種強烈的、小範圍的空氣渦旋，是在極不穩定天氣下由空氣強烈對流運動而產生的，由雷暴雲底伸展至地面的漏斗狀雲（龍捲）產生的強烈的旋風，其風力可達 12 級以上，最大可達 100m/s 以上，一般伴有雷雨，有時也伴有冰雹。

空氣繞龍捲的軸快速旋轉，受龍捲中心氣壓極度減小的吸引，近地面幾十米厚的一薄層空氣內，氣流被從四面八方吸入渦旋的底部。並隨即變為繞軸心向上的渦流，龍捲中的風總是氣旋性的，其中心的氣壓可以比周圍氣壓低 10%。

龍捲風是一種伴隨著高速旋轉的漏斗狀雲柱的強風渦旋。龍捲風中心附近風速可達 100m/s ～ 200m/s，最大 300m/s，比颱風近中心最大風速大好幾倍。中心氣壓很低，一般可低至 400hPa，最低可達 200hPa。

它具有很大的吸吮作用，可把海（湖）水吸離海（湖）面，形成水柱，然後與雲相接，俗稱「龍取水」。由於龍捲風內部空氣極為稀薄，導致溫度急劇降低，促使水氣迅速凝結，這是形成漏斗雲柱的重要原因。漏斗雲柱的直徑，平均只有 250 米左右。

龍捲風產生於強烈不穩定的積雨雲中。它的形成與暖濕空氣強烈上升、冷空氣南下、地形作用等有關。具體的說，龍捲風就是雷暴巨大能量中的一小部分在很小的區域內集中釋放的一種形式。龍捲風的形成可以分為四個階段：

1. 大氣的不穩定性產生強烈的上升氣流，由於急流中的最大過境氣流的影響，它被進一步加強。

2. 由於與在垂直方向上速度和方向均有切變的風相互作用，上升氣流在對流層的中部開始旋轉，形成中尺度氣旋。

3. 隨著中尺度氣旋向地面發展和向上伸展，它本身變細並增強。同時，一個小面積的增強輔合，即初生的龍捲在氣旋內部形成，產生氣旋的同樣過程，形成龍捲核心。

4. 龍捲核心中的旋轉與氣旋中的不同，它的強度足以使龍捲一直伸展到地面。當發展的渦旋到達地面高度時，地面氣壓急劇下降，地面風速急劇上升，形成龍捲風。

龍捲風常發生於夏季的雷雨天氣時，尤以下午至傍晚最為多見。襲擊範圍小，龍捲風的直徑一般在十幾米到數百米之間。龍捲風的生存時間一般只有幾分鐘，最長也不超過數小時。但其破壞力驚人，能把大樹連根拔起，建築物吹倒，或把部分地面物捲至空中。

龍捲風對人類的威脅極大。1986 年 2 月 5 日，一場龍捲風不偏不倚地在美國休斯敦東北的胡克斯機場上空生成。它以「橫掃千軍如捲席」的威力，將機場上 300 多架大小型飛機吹得七零八落，在機場附近居住的居民及飛機場上的工作人員死難者達 1000 多人。

1995 年，在美國奧克拉荷馬州阿得莫爾市發生的一場陸龍捲，諸如屋頂之類的重物被吹出幾十英里之遠。大多數碎片落在陸龍捲通道的左側，按重量不等，常常有很明確的降落地帶。較輕的碎片可能會飛到 300 多公里外才落地。

龍捲的襲擊突然而猛烈，產生的風是地面上最強的。在美國，龍捲風每年造成的死亡人數僅次於雷電。它對建築的破壞也相當嚴重，經常是毀滅性的。

在強烈龍捲風的襲擊下，房子屋頂會像滑翔翼般飛起來。一旦屋頂被捲走後，房子的其他部分也會跟著崩解。因此，建築房屋時，如果能加強房頂的穩固性，將有助於防止龍捲風過境時造成巨大損失。

龍捲風襲來時的安全躲避常識

當龍捲風襲來的時候，能否求得生存，在很大程度上要靠個人的積極躲避。躲避得當，就能安然無恙；反之，則可能使自己的生命安全遭到威脅。對於一般民眾來說，一旦遇上龍捲風，怎樣才能死裡逃生呢？

1. 必須對龍捲風的生成、特性有所瞭解。因為龍捲風的形成多與雷暴雨中強烈升降氣流對流時產生的渦旋有關；另一方面，龍捲風多出現在盛夏季節的強大積雨雲底部或春、夏急行過境的冷鋒之前，或颱風外圍的雲系裡。所以，當暴風雨襲來的盛夏季節，應提高警惕，在龍捲風到來之前，必須依靠堅固的建築物或天然屏障來保護自己。

2. 居住在室內的人，當龍捲風襲來之前，一定要把窗戶打開、使室內外氣壓相等，以此減少房屋倒塌的危險。

3. 在龍捲風襲來時，在公共場所的人應服從指揮，向規定地點疏散。理想的掩蔽場所是建築物的底層、底層走廊、地下室、防空洞和山洞。暴露在地上的一切活動必須停止，千萬不可騎自行車、摩托車或利用高速交通工具躲閃龍捲風；應立即躲開活動房屋和活動物體，遠離樹木、電線桿、門、窗、外牆等一切易於移動的物體，並盡可能的利用鋼盔、棉帽等東西保護好自己的頭部。

4. 在無固定結實的屏障處，則應立即平伏於地上，最好用手抓緊小而堅固、不會被捲走的物體或打入地下深埋的木樁等物體。在田野空曠處遇上龍捲風，應躲避在窪地處，但要注意防止被水淹或被空中墜物擊中的可能。

有關旱災的知識

旱災是土壤水分不足，不能滿足農作物和牧草生長的需要，造成較大的減產或絕產的災害。旱災是普遍性的自然災害，不僅農業受災，嚴重的還影響到工業生產、城市供水和生態環境。

農作物生長期內因缺水而影響正常生長稱為受旱，受旱減產三成以上稱為成災。經常發生旱災的地區稱為易旱地區。

旱災的形成主要取決於氣候。通常將年降雨量少於 250mm 的地區稱為乾旱地區；年降雨量為 250～500mm 的地區稱為半乾旱地區。世界上乾旱地區約佔全球陸地面積的 25%，大部分集中在非洲撒哈拉沙漠邊緣，中東和西亞、北美西部、澳洲的大部和中國的西北部。這些地區常年降雨量稀少而且蒸發量大，農業主要依靠山區融雪或者上游地區來水，如果融雪量或來水量減少，就會造成乾旱。世界上半乾旱地區約佔全球陸地面積的 30%，包括非洲北部一些地區，歐洲南部，西南亞；北美中部以及中國北方等。這些地區降雨較少，而且分佈不均，因而極易造成季節性乾旱，或者常年乾旱甚至連續乾旱。

中國大部屬於亞洲季風氣候區，降雨量受海陸分佈、地形等因素影響，在區域間、季節間和多年間分佈很不均衡，因此，旱災發生的時期和程度有明顯的地區分佈特點。秦嶺淮河以北地區春旱突出，有「十年九春旱」之說；黃淮海地區經常出現春夏連旱，甚至春夏秋連旱，是中國受旱面積最大的區域；長江中下游地區主要是伏旱和伏秋連旱，有的年份雖在梅雨季節，還會因梅雨期縮短或少雨而形成乾旱；西北大部分地區、東北地區西部常年受旱；西南地區春夏旱對農業生產影響較大，四川東部則經常出現伏秋旱；華南地區旱災也時有發生。

旱災在世界範圍內有普遍性。1973 年，6 個非洲國家發生嚴重旱災，使莊稼和牧草被毀，大量牲畜死亡。1982 年，西班牙出現百年來最嚴重的旱災；澳大利亞、非洲有些地方長期無雨，大片的玉米乾死。中國商代已有旱害的記載。從公元前 206 年至公元 1949 年的 2155 年中，有記載的旱災就達 1000 多次。1941 ～ 1944 年持續 4 年的特大乾旱遍及華北 5 省；最嚴重的 1942 年不少地方赤地千里，顆粒無收。現在隨著科學技術的發展，抗旱能力雖有所增強，但乾旱對農業生產的威脅仍然很大。

自然界的乾旱是否造成災害，受多種因素影響，對農業生產的危害程度則取決於人為措施。世界範圍各國防止乾旱的主要措施是：

1. 興修水利，發展農田灌溉事業。

2. 改進耕作制度，改變作物構成，選育耐旱品種，充分利用有限的降雨。

3. 植樹造林，改善區域氣候，減少蒸發，降低乾旱風的危害。

4. 研究應用現代技術和節水措施，例如人工降雨，噴滴灌、地膜覆蓋，以及暫時利用質量較差的水源，包括劣質地下水以至海水等。

有關雪崩的知識

儘管人們常把雪花比作「白衣天使」、「白雪公主」或「柔和的情人」、還有「活潑的孩子」、「微笑的花」……卻也有人毫不客氣地將它比作「白色的魔鬼」。因為由積雪所引起的悲劇——「雪崩」，常常造成悲劇。

第一次世界大戰期間，發生在阿爾卑斯山脈的一幕慘劇，至今人們仍記憶猶新：奧地利—義大利戰線上，沿著積雪的山口發生了雪崩，數以萬計的士兵死於非命。

1962 年在南美一場類似的災難降臨到山國秘魯，瓦斯卡蘭山一個超過 300 萬噸級的「白色魔鬼」，在短短幾秒鐘內就吞噬了 8 個大村莊，許多人被活埋而喪生。

雪崩不僅充當災禍的元兇，還常「借刀殺人」，以它產生的「氣浪」製造殘酷暴行。1954 年冬，在美國某車站，一場雪崩所產生的氣浪（宛如巨型炸彈的衝擊波），將40噸重的車廂舉起並拋到百米之外。同時，更為笨重的電動機車則與車站相撞，使車站變成一片廢墟。

更令人驚異的是，有一位滑雪者竟遇到這樣一次雪崩：滑雪者和雪崩塊都以每小時200英里的高速從山頂衝到山麓，以致壓住的空氣被壓縮而變得熱了起來，於是融化了一部分雪。可是，幾分鐘內融雪又再凍結成冰，當救援隊到達這個還活著的滑雪者那裡時，他們不得不用鋸子把他解救出來。

在中國，積雪山區尤其是永久積雪的高山地區，也常年有「白色魔鬼」逞兇。其中以阿爾泰山及天山西部、西藏東南部為最。

20世紀50年代，西藏波密地區曾出現過一次雪崩。當時一個龐大的雪體從海拔6000米的高山上崩落下來，由於下落的速度快，轉動中產生飛躍現象，翻越一條海拔4000米的山脊，最後堆積在海拔2500米的江水中，阻塞了河道，截斷了交通，它所到之處，車毀人亡，森林樹木一掃而光，至今痕跡依稀可見。

在什麼情況下容易發生雪崩呢？在陡峭山上的大量

積雪是不穩定的，在本身重量的長期壓力下，其物理特性會有很大變化。一有「風吹草動」就會整體崩落下來。不僅巨大的聲響，且極小的振動（一根樹枝落下）、颳風、氣溫忽冷忽熱，甚至陰影覆蓋都能觸發雪崩的發生。如：有時只要在山裡大叫一聲，無情的雪崩就伴著死神倒下來，以致許多山民至今仍信「山裡的妖精」、「可怕的白骨精」；突然受熱，則可融化部分雪以提供足夠的水來潤滑其餘部分的滑行；突然冷卻（如陰影覆蓋或日落時），可使已出現的液態水結冰，結果由於水的體積會膨脹約 11%，同樣能引起雪崩。

此外，據專家計算，田野上長約 1 公里的雪被在溫度下降 1℃時，其長度大約縮短了 17 公分 ，這種冷縮作用對於產生最初的決定性震動也是足夠的。

為了征服雪崩，人們採用了種種方法，如採用炮擊戰術，用炮火掃射有崩落危險的雪；或用切割法及雪崩斜坡柵欄法。後者就是用金屬和尼龍網來阻擋積雪崩落，或在積雪區建立防雪崩柵欄和土堤。

人們還提出一些奇思妙想：建議前往山區的人帶上裝有壓縮氣體的氣球，以便在危急的情況下，氣球在兩秒鐘內即充滿氣，並把它的主人抬升到雪崩之上。事先計算好的氣球載重量僅限於把人懸浮在雪崩之上，就如浮標一樣，而不會使人飛走。

當然，借助精密的儀器發佈雪崩預報更為上策。據報導，芬蘭已製造出一種儀器，能在雪崩形成之前很久預報出雪崩的危險性。該儀器能自行測量雪層的厚度，雪的濕度，並且能根據這些資料確定危險的雪崩是否會在這裡出現。

瑞士雪崩危險區的救援服務部有大量微型收發報機，並把它們租給準備上山的人，如果發生不幸，那麼根據安裝在皮鞋上的收發報機的訊號，就能發現被埋在深達 8 米雪底下的人，精確度達到 30 公分 。

人類對地球的影響

地球和人類的關係是密切而又複雜的。地球不僅孕育了人類，構成了人類賴以生存的自然環境，而且向人類提供了發展文明的各種物質基礎。但反過來，人類的生存和活動，又影響和改變著地球的面貌。

縱觀人類的發展史，人類經常陶醉於自己在與大自然抗爭中所取得的一個又一個勝利之中，字裡行間無不流露出人定勝天的自豪感。但是，對於人類的各種行為，人們都應該高瞻遠矚，辯證的去看待。無論人的主觀願望如何，如果人類活動違反了自然界的規律，便會給養育我們的「家園」帶來災難。

面對當前自然環境的日益惡化，人們越來越認識到恩格斯在 100 多年前的告誡是何等深刻：「我們不要過分陶醉於我們對自然界的勝利，對於每一次這樣的勝

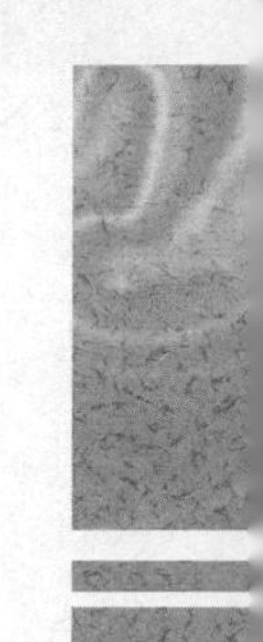

利，自然界都報復了我們。每一次勝利，在第一步都確實取得了我們預期的結果，但是在第二步和第三步卻有了完全不同的、出乎預料的影響，常常把第一個結果又取消了。」

人類對地球的影響是多方面的，涉及全球環境的各個要素，即地殼表層、水體、大氣和生物界。

迄今為止，整個地球幾乎每一處都有人類的足跡。並且，除了極寒冷的地區和高山地帶人類尚無法長期定居或開發外，其餘陸地幾乎全部被人類所佔據和利用。

農業生產，是人類最基本也是最早的生產活動之一。從原始的刀耕火種，到後來的墾荒造田，再到現代的農田水利化、機械化、電氣化和化肥化，使地球固體表面受到廣泛深刻的改造。人類透過這種活動，將1000多萬平方公里的陸地變成農田。

每年所改造的土壤達幾千立方公里，如果把每年改造的土壤堆成1米寬、1米高的堤牆，可繞地球10萬圈。

大規模的農業生產活動為人類提供了大量的基本生活資源，養活了地球上數十億的人口。

但是，在任何地區，大量而無節制的毀林、毀草、墾荒，都會破壞那裡原有的生態平衡，使氣候乾旱，水土流失，土地沙漠化。這樣的教訓古今中外都有。

北非的撒哈拉大沙漠，曾是古羅馬人的糧倉，由於長期耕作和乾旱，才摧毀了文明的哈拉巴人的農業。美索不達米亞曾是古代巴比倫文明的搖籃，由於大量的毀林墾荒，才使那裡的田園荒蕪，文化衰落。中國盛及數世紀的「絲綢之路」，也由於沙漠化而阻斷。

令人擔心的是，沙漠吞噬土地、湮沒人類文明的進程，至今仍在進行著。專家們估計，近十幾年來，世界上每年都有5萬～7萬平方公里土地淪為沙漠。這其中，有許多是由於人們耕作不當而引起的。

興修水利，由於設計不周，會引起土地鹽漬化，使「糧倉」變成「鹽倉」。目前世界每年因鹽漬化要失去20萬～30萬公頃農田。大量使用化肥，不僅排擠傳統的有機肥，導致土壤板結，而且會嚴重污染水質，造成環境問題。

到了現代，工業的突飛猛進，對地球固體層的影響是十分明顯的。城鎮和礦山的建立，為人類創造了大量的財富和便利的環境，但也給人類帶來重重憂慮。

自從工業革命以來，城市迅速發展。目前，全世界有40%的人口生活在城市裡。城市是人口高度集中和文明高度發展之地，高樓林立，車水馬龍，設施齊全，物質生活和文化生活都十分豐富，故而吸引著越來越多的人。但是，久居城市與大自然隔絕，人們難得欣賞到湖光山色、藍天碧野、鳥叫蟲鳴的愉悅世界，難得呼吸到沁人肺腑的清新空氣。

而城市裡噪聲喧囂，空氣污濁，交通堵塞，給人們帶來的煩惱倒的確不少。至於它的不利於人們生活的特殊環境所造成的城市小氣候，更令人覺得不適。很多久居城市的人都有「久在樊籠裡，復得返自然」的感慨。

礦產資源是地殼形成後或形成中，經歷了漫長時期的地質作用而生成的，由於在目前條件下，這些過程不可能再大規模的重現，因而它們屬於「不可再生資源」。儘管地球上很多礦產資源都很豐富，但它畢竟是有限的，並非取之不盡，用之不竭。比如，就世界上所探得的煤、石油、天然氣幾種常見能源的蓄量來看，如果照目前的開採速度，煤可再開採 350 年，而石油只可再開採 60 年，天然氣只可再開採 70 年。

由於大量的採掘，不僅會毀壞山林和土地，而且會因把地下挖空，造成人工地震。在大城市，由於過量開採地下水，還會造成地層下陷。

尤其值得注意的是，隨著現代人類活動範圍的空前擴大，人們對土地的需求日益增加。擴建城市，開發礦山，修築道路，建設工廠和住宅，每年都要佔去大片土地。人們如果再不採取措施，總有一天會連自己最基本的生活要求——吃飯也滿足不了。

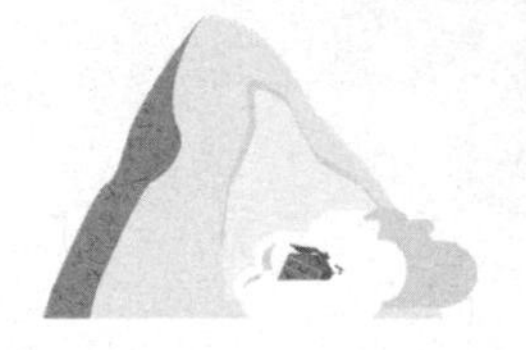

全球環境惡化的各種現象

20 世紀在人類文明歷程上是舉足輕重的。進入 21 世紀之後，人類越來越關注全球環境的現狀及其趨勢。目前，人類在應付環境挑戰方面已取得重大進展，但其生產和生活方式向可持續發展方向的調整速度一直過於緩慢，世界環境在不同程度的持續惡化。全球當前的主要環境惡化現象是：

一、大氣污染

全球每年使用燃燒礦物燃料，排入大氣層的二氧化碳達 60 億噸。全世界約有 4 億輛汽車每年將大約 18.3 億噸二氧化碳排入到大氣層中。

全球有 9 億人生活在二氧化碳超過標準的大氣環境

裡，10 多億人生活在煙塵和灰塵等顆粒物超過標準的環境裡。

二、溫室效應

由於近年來全球排放的「溫室氣體」驟增，氣候專家預計，2025 年全球平均表面氣溫將上升 1℃，到下世紀中葉將上升 1.5℃～ 4.5℃。

預計在未來 100 年內，世界海平面將上升 1 米。沿海地區可能被淹，不少島嶼有消失的可能。自然災害如乾旱、洪水、暴風會頻繁發生。

三、臭氧層破壞

據有關專家估計，破壞臭氧層的氯氟烴近 60 年來已排放 1200 多萬噸。臭氧層的減少對人類來說，將意味著增加皮膚癌、黑色素瘤、白內障患者。

四、土地沙漠化

人類過多地使用化肥和農藥，工業排放物日益增多，植被破壞等引起土地嚴重退化。土地沙漠化威脅地球 1/3 的陸地表面。

每年有 500 萬～ 700 萬公頃耕地變為沙漠。全世界大約有 10 億人口，生活在沙漠化和遭受乾旱的地區。

五、水的污染

地球淡水資源嚴重不足。各國每年工業用水超過600立方公里，而灌溉農田用水多達3000～4000立方公里。受肥料和各種有毒化學製品污染的水，佔上述水量總和的1/3。

全世界有12億人缺乏安全飲用水，每年有2.5萬人死於因水污染引起的疾病。

六、海洋生態危機

全球每年往海裡傾倒的垃圾達200億噸。海洋污染使沿海居民發病率增多；海洋污染使魚蝦和海洋生物急劇減少和死亡。

七、「綠色屏障」銳減

森林和林地在歷史上曾占世界陸地的1/3以上。但因人類開發農牧業和建設城鎮大量砍伐，地球森林植被已被縮小1/3。

最近20年來，全球每年砍伐森林2000多萬公頃，歐洲的原始森林幾乎已完全消失。

八、物種瀕危

專家估計，到21世紀中葉，人類和家畜總生物量可能佔陸地動物生物量的60%，這意味著現在地球上每天有 100 種生物絕種。

九、垃圾難題

據估計，全球每天製造垃圾 350 萬噸。發達國家產生的垃圾更多。全球危險廢物以每年5億噸的速度增加。

十、人口增長過速

人口增長越快對經濟發展的壓力就越大，對環境的影響也越嚴重。世界人口學家估計，目前世界人口正以每年 1 億人的速度在增長。地球資源在開發利用的速度上，已趕不上人口增長的速度。

「世界地球日」的由來

每年的 4 月 22 日是「世界地球日」。這項全球性的活動是由一名美國大學生提出的。

20 世紀 60 年代，美國的水土流失、環境污染都非常嚴重，生態環境日趨惡化，一場危機正威脅著這個號稱「世界糧倉」的國度。然而，不少人，包括美國政府的一些首腦，都沒有意識到這一危機的嚴重性。有識之士為此大聲疾呼，威斯康星州參議員蓋洛德 · 納爾遜提出具體建議：在全國各大學舉行環境保護演講會，以達到喚醒民眾的目的。他的建議在全美國引起很大回響，更引起了哈佛大學一名大學生——丹尼斯 · 漢斯的強烈共鳴，他專程趕往納爾遜的住處，與納爾遜共同協商如何更好的喚醒美國人民重視環境問題。漢斯提出於 1969 年 4 月 22 日在全美國展開大規模的社區性活動，並隨後進行了大量的宣傳和準備工作。結果，那一天美國共有約2000萬人參加了遊行和講演會，轟動了全球，民眾的環保意識大為加強。此活動後來得到了世界許多組織的支持，終於形成「世界地球日」這項全球性活動。

近40年過去了，地球的命運仍然令人擔憂。聯合國的報告警告人們：在近200年中，地球已失去600萬公頃的森林，土壤流失使注入世界大河中的淤泥比19世紀增加了兩倍；大氣中的二氧化碳等有害氣體的濃度增加了27%；2050年地球上的人口可能增加到110億～120億人，地球將最終無法供養與日俱增的人口；臭氧濃度降低，南極臭氧空洞的面積已達到800萬平方公里，太陽紫外線輻射在增強……這一連串壞消息，像一把鐵鉗，緊緊地攫住了每個關心地球命運的人們。「救一救地球」，這強烈的呼籲聲正迴響在地球的每個角落。要制止人類在200年中累積下的錯誤，需要相當長的時間和幾代人的不懈努力才能成功。「地球只有一個」，保護生態環境不僅是生態學家需要考慮的事，也是每一位地球公民的責任！

怎樣減少大氣污染

大氣污染是指大氣中一些物質的含量遠遠超過正常值的含量，對人體、動物和植物等產生不良影響的大氣狀況。

大氣污染既可因人類活動造成，也可由自然因素引起。但隨著人口的劇增及工業化和城市化的快速發展，人類活動成為造成大氣污染的主要原因。

大氣污染源有人為因素和自然因素。自然因素如森林大火、火山噴發、地震等釋放出來的各種氣體、煙塵、粉塵等。這些污染源一般都超出了人類所能控制的範圍。

人為因素是人類生產和生活過程中所排放的污染大氣的物質。大氣污染物主要分為有害氣體（二氧化碳、氮氧化物、碳氫化物、光化學煙霧和鹵族元素等）及顆粒物（粉塵和酸霧、氣溶膠等）。它們的主要來源是工廠排放，汽車尾氣，農墾燒荒，森林失火，炊煙（包括路邊燒烤），塵土（包括建築工地）等。

大氣污染對人體的危害主要表現為呼吸道疾病；對植物可使其生理機制受壓抑，成長不良，抵抗病蟲能力減弱，甚至死亡；大氣污染還會對氣候產生不良影響，如降低能見度，減少太陽輻射，而導致城市佝僂病發病率增加；大氣污染物能腐蝕物品，影響產品質量；近十幾年來，不少國家發現酸雨，雨雪中酸度增高，使河湖、土壤酸化，魚類減少甚至滅絕，森林發育受影響。

大氣中有害物質的濃度越高，污染就越重，危害也就越大。污染物在大氣中的濃度，除了取決於排放的總量外，還與排放源高度、氣象和地形等因素有關。

污染物一進入大氣，就會稀釋擴散。風越大，大氣湍流越強，大氣越不穩定，污染物的稀釋擴散就越快；相反，污染物的稀釋擴散就慢。在後一種情況下，特別是在出現逆溫層時，污染物往往可積聚到很高濃度，造成嚴重的大氣污染事件。降雨雖可對大氣起淨化作用，但因污染物隨雨雪降落，大氣污染會轉變為水體污染和土壤污染。

地形或地面狀況複雜的地區，會形成局部地區的熱氣環流，如山區的山谷風，濱海地區的海陸風，以及城市的熱島效應等，都會對該地區的大氣污染狀況發生影響。

煙氣運行時，碰到高的丘陵和山地，在迎風面會發生下沉作用，引起附近地區的污染。煙氣如越過丘陵，在背風面出現渦流，污染物聚集，也會形成嚴重污染。在山間谷地和盆地地區，煙氣不易擴散，常在谷地和坡地上迴旋。特別在背風坡，氣流做螺旋運動，污染物最易聚集，濃度就更高。

夜間，由於谷底平靜，冷空氣下沉，暖空氣上升，易出現逆溫，整個谷地在逆溫層覆蓋下，煙雲瀰漫，經久不散，易形成嚴重污染。

位於沿海和沿湖的城市，白天煙氣隨著海風和湖風運行，在陸地上易形成「污染帶」。高煙囪排放雖可降低污染物的近地面濃度，但是卻把污染物擴散到更大的區域，進而造成遠離污染源的廣大區域的大氣污染。大氣層核試驗的放射性降落物和火山噴發的火山灰可廣泛分佈在大氣層中，造成全球性的大氣污染。

為了減少大氣污染的發生，更好的保護環境，應從如下幾個方面努力。

一、減少或控制大氣污染物的排放

大氣污染是由污染源排放污染物造成的，控制大氣污染物的來源是控制大氣污染的關鍵。減少或控制大氣污染物的排放量一般有兩種方法，即濃度控制和總量控制。

濃度控制是使排出廢氣中的有毒和有害成分降低到規定標準以下，這對於控制污染源密集度低和污染程度較輕的地區是一種基本方式。總量控制是對整個地區排放的污染物總量加以限定，從而達到改善大氣環境的方式，這對於污染嚴重和污染源較集中的地區是一種有效的方法。

為了實現大氣污染的控制，可根據污染源和污染物的特性，採取不同的具體措施，如改變能源結構、進行技術革新、改進生產工藝，等等，使大氣污染控制到最低限度。

隨著科學技術的發展，一些新型的無污染能源有望得到利用，這將會完全改善大氣品質。對於一般居民來說，盡量少開汽車，少用空調等，也對減少大氣污染有幫助。

二、合理的城市和工業佈局及規劃

為了控制大氣污染，改善生存環境，一座城市的建設必須有一個長遠的規劃。從環境保護角度出發，在城市規劃和佈局上應從這幾方面考慮：

1. 地理因素。在一些易形成逆溫層的谷地和盆地地區，不宜把工業區建在這些地方。

2. 風向。一個城市工廠應建築在盛行風的下風向，而居民區則建在上風向。

3. 工業區不宜集中。因污染物排放量過大將影響被稀釋和擴散的速度。

三、發展植樹綠化

植樹綠化不僅可以美化環境，而且還可吸濾各種毒氣、截留粉塵、淨化空氣，達到保護大氣環境的作用。因此，應把植樹綠化視為改善大氣品質的一種基本途徑。

酸雨有什麼危害

當前，人類面臨水危機、臭氧層遭破壞、溫室效應、物種滅絕、酸雨肆虐等諸多環境問題。其中，酸雨肆虐是跨越國界的全球性災害。

酸雨是指 pH 值小於 5～6 的雨水、凍雨、雪、雹、露等大氣降水。大量的環境監測資料顯示，由於大氣層中的酸性物質增加，地球大部分地區上空的雲水正在變酸，如不加以控制，酸雨區的面積將繼續擴大，給人類帶來的危害也將與日俱增。

現已確認，大氣中的二氧化硫和二氧化氮是形成酸雨的主要物質。美國測定的酸雨成分中，硫酸占 60%，硝酸占 32%，鹽酸占 6%，其餘是碳酸和少量有機酸。

大氣中的二氧化硫和二氧化氮主要來源於煤和石油的燃燒，它們在空氣中氧化劑的作用下形成溶解於雨水

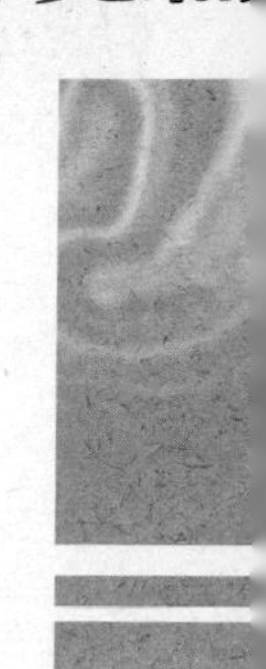

的各種酸。據統計，全球每年排放進大氣的二氧化硫約1億噸，二氧化氮約5000萬噸。所以，酸雨主要是人類生產活動和生活造成的。

目前，全球已形成三大酸雨區。中國覆蓋四川、貴州、廣東、廣西、湖南、湖北、江西、浙江、江蘇和青島等省市部分地區，面積達200多萬平方公里的酸雨區是世界三大酸雨區之一。

中國酸雨區面積擴大之快、降水酸化率之高，在世界上是罕見的。世界上另兩個酸雨區是以德、法、英等國為中心，波及大半個歐洲的北歐酸雨區和包括美國和加拿大在內的北美酸雨區。這兩個酸雨區的總面積大約1000多萬平方公里，降水的pH值小於0.5，有的甚至小於0.4。

酸雨給地球生態環境和人類社會經濟都帶來嚴重的影響和破壞。據研究顯示，酸雨對土壤、水體、森林、建築、名勝古蹟等人文景觀均帶來嚴重危害，不僅造成重大經濟損失，更危及人類生存和發展。

酸雨使土壤酸化，滋養降低，有毒物質更毒害作物根系，殺死根毛，導致發育不良或死亡。還殺死水中的浮游生物，減少魚類食物來源，破壞水生生態系統；酸雨污染河流、湖泊和地下水，直接或間接危害人體健康；酸雨對森林的危害更不容忽視，酸雨淋洗植物表面，直接傷害或透過土壤間接傷害植物，促使森林衰亡。

酸雨對金屬、石料、水泥、木材等建築材料均有很強的腐蝕作用，因而對電線、鐵軌、橋梁、房屋等均會造成嚴重損害。

酸雨是由大氣污染造成的，而大氣污染是跨越國界的全球性問題，所以，酸雨是涉及世界各國的災害，需要世界各國齊心協力，共同治理。

CHAPTER 2

氣候／氣象篇

地球上的五個基本氣候帶及其特點

關於氣候帶的劃分原則和方法，是隨著氣候學的發展歷史而不斷演進的。

最早古希臘學者亞里士多德曾以南、北迴歸線和南、北極圈為界，把地球分為熱帶、南溫帶、北溫帶、南寒帶和北寒帶等五個氣候帶。這是完全按照天文因素，即太陽高度和晝夜長短，也就是根據地球表面各地獲得太陽光熱的多少來劃分的。因此，這種分法通常稱之為天文氣候帶。但它的名稱是氣候名稱，可見天文五帶是氣候帶的基礎。

另外，以回歸線和極圈四條緯線劃分的五帶，都是一定的緯度地帶，所以又可以說五帶是緯度帶。

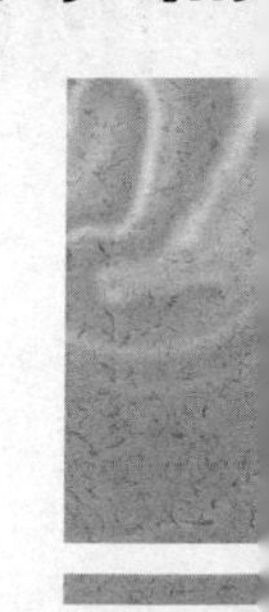

一、熱帶

在南、北迴歸線之間，這是地球上唯一陽光能夠直射的地帶，地面獲得的太陽光熱最多。熱帶地區氣候終年炎熱，四季和晝夜長短變化都不明顯。

二、寒帶

南、北極圈以內的地區。北極圈以北的地區是北寒帶，南極圈以南的地區是南寒帶。寒帶地區，太陽斜射得很厲害，一年中有一段時間是漫長的黑夜，因此，獲得的太陽光熱最小，故稱寒帶。

這裡氣候終年寒冷，沒有明顯的四季變化，有極晝、極夜現象。

三、溫帶

南、北迴歸線和南、北極圈之間的廣大地區。北迴歸線和北極圈之間為北溫帶，南迴歸線和南極圈之間為南溫帶。

溫帶地區，地面陽光斜射，寒暖適中，得到的光熱比熱帶少，但比寒帶多；冬冷夏熱，四季分明；夏季晝長夜短，冬季晝短夜長，晝夜長短變化明顯。

天文氣候帶沒有考慮地球表面的性質和大氣環流與洋流的熱量輸送，顯然是不妥當。而氣候學上通常用等溫線為劃分氣候帶的界線，這叫溫度帶。

早在 1879 年，蘇潘就提出以年平均氣溫 20℃和最熱月 10℃等溫線劃分三個氣候帶。1953 年發表的柯本氣候分類法，以氣溫和降水兩個氣候要素為基礎，並參照自然植被的分佈，把全球分為五個氣候帶，即 A 熱帶、B 乾帶、C 溫暖帶、D 冷溫帶和 E 極地帶。以等溫線作為劃分氣候的界線，比起天文氣候帶的劃分來，前進了一步。

影響氣候的主要因素是什麼

緯度位置、大氣環流、海陸分佈、洋流和地形是影響氣候的主要因素。前二者是全球性的地帶性因素，後三者是非地帶性因素。

緯度位置是影響氣候的基本因素。因地球是個很大的球體，緯度不同的地方，太陽照射的角度就不一樣，有的地方直射，有的地方斜射，有的地方整天或幾個月都接收不到陽光的照射。因此，各地方的太陽高度角不同，接收太陽光熱的多少就不一樣，氣溫的高低也相差懸殊。一般是緯度越低，氣溫越高；緯度越高，氣溫越低。各地區所處的緯度位置不同，是造成世界各地氣溫不同的主要原因。

大氣環流是形成各種氣候類型和天氣變化的主要因素。大氣圈內空氣作不同規模的運行，統稱為大氣環流。它是大氣中熱量、水氣等輸送和交換的重要方式。

大氣環流的表現形式有行星風系、季風環流、海陸風、山谷風等，人們平常講的大氣環流，主要是指行星風系。大氣環流對氣候的影響十分顯著，赤道低氣壓帶上升氣流強烈，水氣易於凝結，降雨豐富；副熱帶高氣壓帶下沉氣流盛行，水氣不易凝結，雨水稀少；信風帶氣流從緯度較高的地區流向低緯度地區，水氣不易凝結，一般少雨。但在大陸東岸，信風從海上吹來，降雨機會較多；在大陸西岸，信風從內陸吹來，降雨就少。

在西風帶控制的地區，大陸西岸風從海上吹來，水氣充沛，降雨豐富，越向內陸水氣越少，降雨也跟著減少；大陸東岸，西風從內陸吹來，降雨較少。

一般說來，上升氣流和從低緯度流向高緯度的氣流，氣溫由高變低，水氣容易凝結，降雨機會較多；下沉氣流和從高緯度流向低緯度的氣流，氣溫由低變高，水氣不易凝結，降雨機會就少。因此，在不同氣壓帶和風帶控制下，氣候特徵，尤其是降雨量的變化有著顯著的差異。加之風帶和氣壓帶隨季節的移動，從而形成各

種不同的氣候類型。

海陸分佈改變了氣溫和降雨的地帶性分佈。由於海洋和陸地的物理性質不同，在強烈的陽光照射下，海洋增溫慢，陸地增溫快；陽光減弱以後，海洋降溫慢而陸地降溫快。

海洋與陸地表面空氣中所含水氣的多少也不同，一般說來，在海洋或近海的地區，氣溫的日變化和年變化較小，降雨比較豐富，降雨的季節分配也比較均勻，多形成海洋性氣候。因此，在相同的緯度，處於同一氣壓帶或風帶控制之下的地區，由於所處的海陸位置不同，形成的氣候特徵也不同。

地形的起伏能破壞氣候分佈的地帶性。地形是一個非地帶性因素，不同的地形對氣候有不同的影響。

在同一緯度地帶，地勢越高，氣溫越低，降雨在一定高度的範圍內，是隨高度的升高而增加。因此，在熱帶地區的高山，從山麓到山頂，先後出現從赤道到極地的氣候變化。另外，高大的山脈可以阻擋氣流的運行，山脈的迎風坡和背風坡的氣溫與降雨有明顯的差異。

洋流對其流經的大陸沿岸的氣候也有一定的影響。從低緯度流向高緯度的洋流，因含有大量的熱能，對流經的沿海地區，有增溫增濕的作用；從高緯度流向低緯度的洋流，水溫低於周圍海面，對所流經的沿海地區有降溫減濕的作用。

因而在氣溫上，洋流可以調節高、低緯度間的溫差，在盛行氣流的作用下，使同緯度大陸東西岸的氣溫有著顯著的不同，破壞了氣溫緯度地帶性的分佈。

地球上的氣候曾有過哪些變遷

地質時期的氣候情況，我們只能根據間接的標誌去研究。如根據某一地質時代的岩石性質、古老的土壤、地形以及古生物化石，還可以用放射性碳 C14 含量來推斷地質時期的氣候狀況，等等。

在某一地區中如發現冰磧石、冰擦痕、漂石等，這就是寒冷時期冰川活動的證明；黑龍江地區的灰化土下面埋藏有古紅色土，可推知古代那裡曾經有過炎熱的氣候；如果在現代沙漠地區發現有乾涸河谷地形和湖岸線的遺跡，就表示該地是由濕潤氣候轉變為沙漠的。

生物化石是說明地質時代氣候狀況的良好根據，如果有馬匹或走禽的化石，表示這裡曾是草原氣候；猿猴化石表示曾出現過森林氣候；在格陵蘭曾發現溫帶氣候的樹葉遺跡，證明這裡曾有過溫暖的時期；烏克蘭曾發現古代棕櫚的遺跡，證明那裡曾出現過熱帶氣候。

透過上述方法對地層沉積物的廣泛分析，證實整個地質時期地球氣候曾經歷了巨大的變化，反覆有過幾次大冰期，其中最近的三次大冰期（震旦紀大冰期、石炭—二疊紀大冰期和第四紀大冰期）為科學家所公認，在三次大冰期之間為溫暖的大間冰期氣候。

寒冷的冰期與溫暖的間冰期相比是短暫的，在整個地球氣候史中，大部分時期（占90%以上）為溫暖的氣候，且比現在溫和。

震旦紀大冰期，發生在距今約6億年以前。亞、歐、非、北美和澳大利亞的大部分地區，都發現了冰磧層，說明這些地方曾發生過具有世界性規模的大冰川氣候。中國東部和中部廣大地區，也有震旦紀冰磧層，說明這裡也曾經歷過寒冷的大冰期。

寒武紀—石炭紀大間冰期，距今3～6億年，當時整個世界氣候都比較溫暖。特別是石炭紀是古氣候中典型的溫和濕潤氣候，森林面積極廣，最後形成豐富的煤礦，樹木也缺少年輪，說明氣候具有海洋性特徵。

在中國石炭紀中前期全處在熱帶氣候條件下，但到石炭紀後期，從北到南出現濕潤帶、乾燥帶和熱帶三個氣候帶。

石炭－二疊紀大冰期，距今 2～3 億年，主要是在南半球，北半球除印度外，目前尚未找到可靠的冰川遺跡。當時中國氣候仍有溫暖濕潤氣候帶、乾燥氣候帶和炎熱潮濕氣候帶三個氣候帶。

三疊－第三紀大間冰期，距今 200 萬年～ 2 億年。整個中生代氣候溫暖，到新生代的第三紀世界氣候更趨暖化，格陵蘭也有溫帶樹種。

三疊紀時期，中國西部和西北部普遍為乾燥氣候；到侏羅紀，中國地層普遍分佈著煤、黏土和耐火黏土等，說明當時是在濕潤氣候控制之下。

侏羅紀後期到白堊紀是乾燥氣候發展的時期，當時中國曾出現一條明顯的乾燥帶，西起天山、甘肅，南伸至大渡河下游到江西南部，都有乾燥氣候條件下的石膏發育。

到了第三紀，中國的沉積物大多帶有紅色，說明當時氣候比較炎熱。第三紀末期，世界氣溫普遍下降，整個北半球喜熱植物逐漸南退。

第四紀大冰期，約始於 200 萬年前。大冰期中仍然是冷暖乾濕交替出現的，當寒冷時期，即亞冰期，氣溫比現代氣溫平均低8℃～12℃，高緯度地區為冰川覆蓋，如最大的一次亞冰期（里斯冰期），世界大陸有十分之二的面積為冰川所覆蓋。當時北半球有三個主要大陸冰川中心，即斯堪的納維亞冰川中心，其冰流曾南伸到北緯 51° 左右；格陵蘭冰川中心，其冰流也曾南伸到北緯 38° 左右；西伯利亞冰川中心，冰層分佈於北緯 60° ～ 70° 之間，有時可達北緯 50° 附近的貝加爾湖。

冰川擴張，氣候帶南遷，生物群落也隨之南移，如里斯冰期時，北方動物南遷，在克里木的舊石器時代（距今 25 萬年以前）地層中曾發現過北極狐和北極鹿化石。

兩個亞冰期之間的亞間冰期，氣候比現代溫暖，北極氣候比現代高出 10℃以上，低緯度氣溫也比現代高 5.5℃左右。原覆蓋在中緯度的冰蓋消失了，退縮到極地區域，甚至極地的冰蓋也消失了。

冰蓋退縮或消失，氣候帶北移，生物群落也隨之北移，如北冰洋沿岸也有虎、麝香牛等喜熱動物群活動，喜暖植物可一直分佈到北極圈。

當高緯地區處於冰期時，冰川覆蓋擴大，極地高壓增強，迫使極鋒帶南移到中緯度。在中緯度極鋒帶上氣旋活動頻繁，雨量豐富，內陸湖水上漲，如中國羅布泊在冰期時，湖水水域比現代大4～5倍。反之，當高緯度地區處於間冰期時，大陸冰蓋及極地高壓向極區收縮，氣候帶北移，中緯度地區有些地方出現乾燥氣候，大約在1萬年以前大理亞冰期（相當於歐洲武木亞冰期）消退，北半球各大陸的氣候帶分佈和氣候條件，基本上形成現代氣候的特點了。

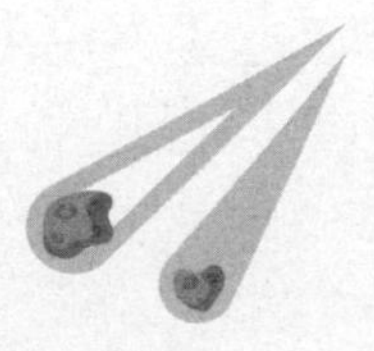

地球的氣候為什麼能基本保持穩定

人們常常驚異於地球氣候的變幻莫測。其實，更使科學家們困惑不解的，恰恰是這個問題的反面：地球的氣候為什麼能一直保持著相對穩定，為人類創造出適宜的生存環境？

科學家們指出，地球的氣候在火與冰之間保持著一種微妙的平衡。之所以說它微妙，是因為如果地球稍微靠近或稍微遠離太陽一點，後果都是不堪設想的。

如果地球靠太陽近了一點，那麼海洋水溫就會逐漸升高，大量水蒸氣就會蒸發到大氣層裡。水蒸氣產生的屏壁作用就會使熱無法進入太空。這樣，地球就會越來越熱，地球上的碳酸鹽在高熱中就會釋放出大量的

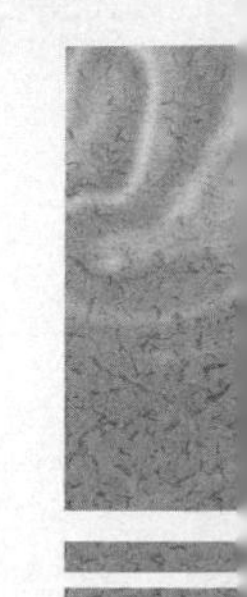

二氧化碳，而二氧化碳造成的溫室效應更加劇了氣溫的升高，最後，地球就會變得像金星一樣。我們地球的這位近鄰，就是因為被主要的二氧化碳組成的大氣層緊裹著，表面溫度高達 480℃，使得生物無法生存。

反過來，如果地球的位置離開太陽稍微遠一點，由於氣溫降低，南極的冰逐漸向北移動；加拿大、歐洲、西伯利亞也都會被冰雪覆蓋。這些冰雪把大量太陽光反射回太空，使得地球越來越冷，冰層逐漸向赤道延伸，最後，地球將會變成一個大冰球。

所幸，這些都是假設。地質學家透過分析幾十億年以前的海洋微生物化石，證明了地球氣候在 46 億年的歷史中一直保持大體穩定。雖然地球的運行軌道經常發生微小的、週期性的變化，而這種變化可能陷一切生物於滅頂之災。但是災難終究沒有發生，其中的原因，科學家至今還無法提供準確答案。

有人認為，地球上生物之所以沒有滅絕，完全出於偶然，天文學家不同意這種看法。他們從另一個角度探討了氣候穩定之謎，認為，太陽雖然是一顆比較穩定的恆星，但是它和許多同類一樣，隨著年齡的增長，也在逐漸變熱。比如說，太陽現在要比地球誕生時增熱了

40%。那麼，在不斷變熱的太陽下面，地球的氣溫是怎麼保持穩定的？如果地球現在的氣溫是適宜的，那麼數十億年前，在比較「冷」的太陽下，海洋應該是結冰的。但事實並非如此。要是那時海洋裡就是液態水，為什麼今天的太陽增熱了 40%，卻沒有把地球變成第二個金星呢？有些生物學家擁護這樣一個理論：地球年輕時，空氣中二氧化碳的含量要比現在多得多。正是這些二氧化碳造成的溫室效應，使地球沒有「冷卻」。

如果這種大氣環境萬古不變，那麼最終這個溫室會失去平衡，就像在金星上一樣（有證據顯示金星誕生時也有像我們這樣的海洋）。但是我們很幸運，大約 20 億年前，一些藍綠色的海藻開始吸收大氣中的二氧化碳，並把它們轉化成為有機碳化合物。這就是我們所說的光合作用。

在這以後的漫長年代裡，隨著海藻和它們的後代的繁衍進化，不斷減少著大氣中二氧化碳的水平，而這種二氧化碳減少的速度，正好和太陽變暖的速度同步。因此，生物學家說，正是生命本身挽救了地球上的生命。當然，這個理論只是一個猜測，至今仍未得到證明。

氣候異常的原因到底是什麼

氣候異常的原因是什麼？今後地球氣候將向何處去？這是人們普遍關心的問題。但是限於目前世界科學的水平，要作出肯定的回答，還為時過早。科學家們依據不同的理論，作出了以下幾種推測：

一、太陽是氣候變化的根本原因

太陽是人類生命之源，地球 98% 的熱量都是由太陽供給的。如果說，太陽上一有風吹草動，地球上就會天翻地覆，這並不算誇張。太陽，雖說光芒萬丈，但是它的能量卻是在不斷地變化著，變化的原因主要是由於太陽黑子的活動。太陽黑子的活動每隔一段時間，就要出現一個高峰，這段時間稱為太陽峰年。在太陽峰年期間，太陽釋放出的能量比平時增加 1% 還多。太陽能量的微小變化，足以使地球氣候改觀。

美國科學家利用放射性碳測出，在過去 5000 年裡，太陽一共出現過 12 次黑子的大變化，這 12 次大變化，無不伴隨著全球性氣候的改變。例如，在 1645—1715 年間，太陽黑子幾乎完全消失，歷史記載顯示，這 70 年間，全世界氣溫普遍降低，泰晤士河屢次冰凍。後來的氣象學家稱這個時期為「小冰紀」。又例如，在 1400—1510 年間，太陽黑子活動劇烈，全球氣溫升高，今天冰天雪地的格陵蘭島當時卻是一片蔥綠，被稱為「綠色的土地」，北歐人大批移居該島。後來，由於太陽黑子的變化，暖氣候很快過去，嚴寒緊跟著降臨，島上的移民死亡殆盡。

二、受火山爆發的影響

有人認為，氣候異常與火山爆發有著密切的關係。因為火山噴出的煙霧和灰塵，在大氣層中先是形成了一個羽毛狀的、高達十幾英里的火山雲，而後又被高空風在半空中拉成一個大帳幕，擋住了一部分太陽光。

在歷史上，也有因火山爆發而改變氣候的記載。1815 年，印度尼西亞的坦博拉火山爆發，噴出的 700 億

噸物質形成了一塊巨大的火山雲。到了第二年，歐洲就出現了低溫和潮濕氣候，使農業受到了巨大損失；美國東北部則6月降大雪，8月遇奇寒。1816年成了歷史上著名的無夏之年。

三、氣候的變化是自然規律

一年當中，地球的氣候有四季冷暖的變化。人們對此已經習以為常。1975年，美國國家航空和宇宙航行局的科學家發現，地球的氣候不僅有週期一年的四季變化，而且有週期達幾千年的冷暖變化。他們認為，這後一種變化是由於地球圍繞太陽運行軌道的逐漸改變引起的。平均每過4000到5000年，地球就要度過一個相對溫暖的時期。

這些科學家認為，現在人們所認為的正常氣候，實際上是不正常的暖氣候。類似20世紀頭80年的暖氣候，在過去的50萬年中只佔1萬年。這些科學家預計，在不太久的將來，人類將會遇到反覆無常的氣候，而在未來幾千年裡，氣候變化的總趨勢將是越來越冷。

四、溫室效應在增長

另有一種觀點——溫室效應觀點，與上述的觀點相對立。這種觀點認為，造成地球氣候變化的原因，是由於人口的增加和工業的發展，煤、石油、天然氣等有機燃料的消耗急劇增加，釋放出大量的二氧化碳，就像塑膠育秧薄膜一樣，籠罩了地球，產生了溫室效應。工業革命之初，大氣中二氧化碳的含量是百萬分之三百。今天，這個比例已上升到百萬分之三百三十。有人估計，到公元 2050 年，這個比例可能上升到百萬分之六百。

大氣中二氧化碳含量過高，會產生什麼樣後果呢？目前有兩種說法。一種說法是，可能阻擋太陽光對地球的照射；另一種說法是，可能屏蔽地球熱量向外層空間逸出。也就是說，我們這個世界既可能因為接受太陽光太少而變冷，又可能因為熱量散發不出去而變熱。

到目前為止，科學家們還沒有拿到溫室效應改變地球氣候的確切證據。據推測，南、北半球越來越大的溫度差異，可能與溫室效應有關。南半球比較溫暖，其中的一個原因是，海洋大部分在南半球，海平面不吸熱，不覆蓋冰雪。另一個原因就是，北半球工業發達，污染嚴重，大氣中二氧化碳含量高，透射的太陽光少，所以氣溫較低。

人類對於地球氣候的認識，目前還處於探索階段，所以難免眾說紛紜，莫衷一是。

「厄爾尼諾」現象是怎樣產生的

「厄爾尼諾」一詞來源於西班牙語，原意是「聖嬰」，表示在聖誕節前後秘魯和厄瓜多爾沿海海水的增溫。「厄爾尼諾」現象是指南美赤道附近（約北緯 4° 至南緯 4°，西經 150° 至 90° 之間）幅度數千公里的海水帶的異常增溫現象。

原來，太平洋海平面並不是完全水平的。在南半球的太平洋上，由於強勁的東南信風向西北橫掃，將海水也由東南向西推動，結果是位於澳大利亞附近的海平面要比南美地區的海平面高出約 50 公分 。與此同時，南美沿岸海洋下部的冷水不停上翻，給這裡的魚類和水鳥等海洋生物輸送大量養分。

令人不解的是，每隔數年，這種正常的良性環流便被打破。一向強勁的東南信風漸漸變弱甚至可能倒轉為西風。而東太平洋沿岸的冷水上翻現象也會減弱或完全消失。於是太平洋上層的海水溫度便迅速上升，並且向東回流。

這股上升的厄爾尼諾洋流導致東太平洋海平面比正常海平面升高二、三十公分 ，溫度則升高 2℃～5℃。這種異常升溫轉而又給大氣加熱，常引起難以預測的氣候反常。

例如，厄爾尼諾曾使南部非洲、印尼和澳大利亞遭受過空前未有的旱災，同時帶給秘魯、厄瓜多爾和美國加州的則是暴雨、洪水和土石流。那次厄爾尼諾效應造成了 1500 餘人喪生和 80 億美元的物質損失。

關於厄爾尼諾現象的成因，迄今科學家們尚未找到準確的答案。有人認為，可能是太平洋底火山爆發或地殼斷裂噴湧出來的熔岩的加熱作用造成洋流變暖，進而導致信風轉弱和逆轉。

另有人則推斷，也許是因為地球自轉的年際速度不均造成的。他們說，每當地球自轉的年際速度由加速變為減速之後，便會發生厄爾尼諾現象。

令人憂慮的是，厄爾尼諾現象的出現越來越頻繁。原來認為5年、7年乃至10年才來臨一次，後來又以3至7年為週期出現。但進入20世紀90年代以來，似乎每兩三年就降臨一次。

儘管厄爾尼諾的成因尚未查清，但人類並未在它面前聽天由命、無所作為。

1986年，國外科學家成功地提前一年預報了厄爾尼諾現象的來臨，並積極探索溫室效應與厄爾尼諾現象之間的聯繫。這可以預言，人類終將能解開這一肆虐人類的大自然之謎，並找出辦法，避免它的危害。

產生雲的基本條件是什麼

大氣中水汽凝結，就會產生雲霧，但是雲、霧又有不同。霧是近地層大氣發生冷卻而產生的凝結現象，大量細小水滴或冰晶懸浮在近地層大氣中，其底部貼近地面。雲是由於空氣上升運動而發生在高空的水汽凝結現象，雲的底部是脫離地面的。可見，只要大氣中有充分的水汽，並有一定力量推動空氣產生上升運動，上升氣流就會冷卻而發生凝結現象，產生許多懸浮的小水滴和冰晶，於是形成各式各樣的雲。不過，上升運動有不同情況，大氣中的雲也就有不同的形狀。

在地表受熱不均勻的情況下，某地面受熱劇烈，其上面空氣膨脹上升，周圍冷而重的空氣便下降補充，這

就是對流上升運動。在高層大氣強烈降溫的情況下，也可以促使地面濕熱而輕的低層空氣上升，使水汽冷卻凝結成雲，地方性雲多在這種情況下發生。這是一種熱力上升運動。

有時候，當冷空氣來到暖濕地區，或暖濕氣流來到乾冷地區，暖濕氣流比較輕，乾冷氣流比較重，所以乾冷氣流從下層進入，暖濕氣流被迫上升。或者是暖濕氣流在運動中受山脈阻擋，氣流就只好沿著山坡被迫上升，這兩種上升稱為動力上升運動。

有時候，熱力和動力兩種上升運動同時存在，在山的迎風坡，熱力對流和地形強迫上升就可能相繼發生，上升運動可以十分劇烈。

熱力對流上升運動常常導致積狀雲形成。積狀雲的雲底和凝結高度一致，對流運動超過這一高度，就有凝結過程產生，開始形成淡積雲。對流發展強盛，雲體迅速增大，就形成為濃積雲。對流發展愈演愈烈，雲體繼續增大，上層直達對流層頂，就形成積雨雲。

動力作用往往使整層空氣抬升，形成大範圍的層狀雲。例如，當冷暖空氣相遇時形成鋒面，暖空氣沿鋒面滑升，這時候雲底沿鋒面傾斜，雲頂卻近於水平。這樣，在鋒面的不同部位，雲高、雲厚和雲狀都有很大差別，在冷空氣一側，先是捲雲，依次是捲層雲、高層雲，靠近暖空氣一側是雨層雲。這些雲是伴隨著某一天氣系統而出現的，是具有一定規律性的雲系統。

　　上面講的雲系屬於暖鋒雲系，如果是冷鋒到來，雲系的次序基本上相反，由於雲系具有一定規律，所以可以指示冷暖空氣的移動。

雷雨形成的奧祕

雷雨，在常見的自然現象中，可以說是最動人心魄的了。悶熱的夏天的午後，天空裡堆積起大塊的雲。霎時，氣溫突然下降，狂風、驟雨、閃電、響雷，跟著都來了，有時候還夾著冰雹。使人煩躁的天氣不一刻工夫就變得清涼、爽快、舒適。等到雨一停，風也息了，雲也消了。

在悶熱的夏天，雷雨好像是大自然給人們的一種調劑，一種恩典。原來夏季裡，太陽正對著北半球，直曬的陽光使地面上的水蒸發得比別的季節都快。貼近地面的空氣因為溫度增高，能夠包容更多的水蒸氣。雖然這樣，要是沒有風，在貼近地面的空氣中，水蒸氣很快就達到飽和了。也就是說，空氣包容不下更多的水蒸氣了。這時候，地面上的水不再繼續蒸發。人們身上又黏又濕，隨你怎樣扇扇子，汗水總不得乾 。人們感到懲悶，熱得喘不過氣來。

在這悶熱的時刻沒有一絲風，可是你別以為空氣沉滯著，一絲也不動，貼近地面的空氣正在猛烈的往上升。溫度增高，水蒸氣增多，都使得空氣的密度減小，也就是通常說的變「輕」了。變輕了的空氣就得往上升。可是高空中並不像地面上那樣熱，原來貼近地面的比較熱的空氣一邊往上升，一邊漸漸涼下來，大約每升高 100 米，溫度就降低 10℃。空氣涼了，就包容不了原先那麼多的水蒸氣了，一部分水蒸氣不得不析離出來，凝結成小水滴。我們在地面上看，天空裡起雲了。

這些小水滴怎麼不馬上落下來成為雨呢？因為這些小水滴太小了，是上升的空氣托住了它們，不讓它們往下落。在悶熱的夏天的午後，從地面上升的空氣力量非常大，不但托住了小水滴，還把小水滴不斷地往高處推，於是雲越堆越高。這樣生成的雲樣子很特別——在悶熱的夏天的午後經常可以看到——底腳幾乎是平的，上面重重疊疊，好像積雪的山峰，也像大理石砌成的城堡，在陽光的照射下，明暗特別分明。這樣的雲，在氣象學上有個特別的名詞，叫做積雲。它的底腳大約離地面 2000 米，這就是說，從地面上升的比較熱的空氣升到那樣高，所包含的水蒸氣就大量地凝結成小水滴了。它的頂可能離地面 1 萬多米。那樣高的高空非常冷，溫度在水的冰點以下，積雲如果越堆越高，我們可以看到它的頂部向外伸展開來，樣子好像鐵匠打鐵用的砧，四周還出現雪白的紗巾一樣的薄雲，那就是水蒸氣結成的冰花。

別看積雲像高高的山峰似的，模樣很寧靜，它裡面卻在劇烈地翻騰。小水滴並成了比較大的水滴開始往下落，從地面上升的空氣還一個勁的向上衝，兩者猛烈地摩擦，於是都帶上了電：上升的空氣帶著負電，下降的水滴帶著正電。漸漸的，積雲的頂部，負電越積越多；底部，正電越積越多。地面受了積雲底部的正電的感應，也帶上了負電。

驚心動魄的場面馬上開始了：先是一陣大風突然刮起，緊跟著就是密集的大雨點。大顆的水滴終於衝破了上升的空氣的阻擋，從雲端裡直掉下來。下層的熱空氣給雨一淋，驟然冷卻，驟然收縮，向地面直壓下來，狂風因而常常趕在雨點之前來到。這時候，天空裡樹枝狀的電光一閃一閃，跟著來的是隆隆的雷聲。閃電有的發生在雲塊和地面之間，有的從一塊積雲的頂部一直貫穿到底部，也有的發生在兩塊積雲之間。被閃電穿過的空氣立刻猛烈爆炸。閃電要是離你很近，你會感到眼前一亮，緊接著聽到一聲清脆的霹靂聲響；要是離你遠，電光閃過之後，還得待一會兒，你才聽得到雷聲。這是因為聲音的傳播速度比光的速度慢。有時候，雷聲隆隆的，拖得很長，好像車輪在雲端裡碾過，那是雲塊、山嶺和地面把雷聲來回反射的緣故。

雷雨有時候夾著冰雹。冰雹出現在地面上特別熱、空氣上升的力量特別強、高空中又特別冷的時候。積雲的頂部伸展到溫度在冰點以下的高空中，一部分水滴本來已經凝結成冰珠了，這些冰珠從高空裡落下來，來不及化，又被猛烈上升的空氣推了上去，到了高空中，它的外面又凝結成一層冰。這樣落下來又推上去，冰珠一層又一層地越裹越大，終於衝破了上升的空氣的阻攔，從高空中直掉下來，這就是冰雹。有時候，冰雹比雞蛋還大，往下掉的速度又猛，常會砸壞莊稼、樹木、房屋，砸傷人畜。幸虧不是每一場雷雨都會下冰雹。

雷雨在夏天最常見，但並不一定是夏天才有。含水蒸氣較多的下層空氣猛烈上升，都可能造成雷雨。有時

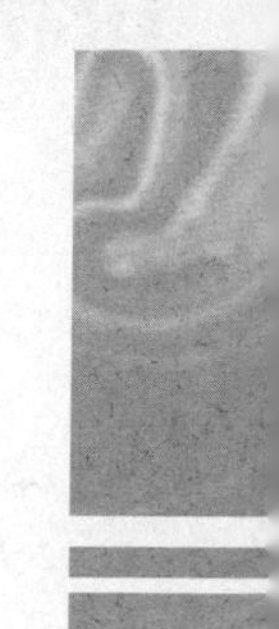

候，高空中過分冷，而貼近地面的含水蒸氣較多的空氣比高空的空氣「輕」多了，於是就猛烈上升。夜間海洋上的雷雨大多是這樣形成的。冬天，從北方來了強大的冷氣團，把貼近地面的含水蒸氣較多的空氣推到了高空中，也可能形成雷雨。在高山向風的一面，帶著水蒸氣較多的風讓高山給擋住了，沿著山坡直往上升，也會造成一場雷雨。在夏天，發生雷雨的原因大多是氣溫太高，空氣中包含的水蒸氣太多；由這種原因造成的雷雨，通常叫做熱雷雨。

常見的熱雷雨開始在午後 3 點到 5 點之間，這段時間正好是一天中最熱的時候。這樣的雨一般不會持續很長的時間，往往不到一個小時就會雨過天晴，東方的天空裡還可能出現一道美麗的彩虹。

雷雨不但下的時間短，面積也不會大，因為它是由局部地面的空氣上升造成的。一場雷雨，下著雨的地帶通常只有三四十公里長，十幾公里寬。界限分明也是雷雨的特點。有時候只隔一條河，這一岸下著大雨，那一岸仍舊是大太陽。所以諺語說：「隔道不下雨。」有時候，一場雷雨好像才過去卻又回來了。實際上並不是這麼一回事，而是另一場雷雨又跟著來了。

雷雨的時間雖然短面積也不大，可是雨量卻很大。在陸地上，夏天的雷雨幾乎佔到全年雨量的 1/3。農民往往非常看重雷雨。可是就因為雨量過於集中，在山區和河谷地帶，雷雨會造成山洪暴發，沖毀公路、鐵路、橋梁、農田、村莊，甚至淹死人畜。閃電有時會擊斃人畜，引起火災；但比起驟雨來，閃電造成的災難要小得多。

從整個地球表面來說，雷雨的次數多得驚人，據說每天有 4.4 萬多場。在任何時間內，都有 1800 場雷雨正在進行，而且大多下在熱帶。中國雷雨下最多的地方是廣東的北部南嶺一帶，因為那邊的氣候熱而潮濕，南嶺又擋住了含水蒸氣比較多的海風。沿海和華南一帶也比較多，黃河以北就少了，甘肅寧夏一帶氣候乾燥，雷雨更少些，可是下起來常夾帶冰雹。

在悶熱的夏天，人們都希望來一陣雷雨，而且往往能夠如願以償，但這並非天意。夏天的熱是由於溫度太高，悶是由於濕度太大。溫度高濕度大，正是雷雨形成的兩個主要條件。

預防雷擊的基本常識

在大氣層中，雷聲和閃電是經常發生的自然現象，它出現在發展強烈的積雨雲中。雷電有極大的破壞力，電壓可高達幾千萬伏特，電流可達 10 萬安培，能擊斃、擊傷人畜，擊毀建築物及輸電和通信設施，引起火災，影響飛機和導彈的飛行等。

雷擊幾乎是不可避免的自然災害之一，但採取與不採取措施及措施是否科學，其結果大不相同。比如某地農民正在田裡收花生，突然雷雨交加，幾個男農民跑到附近岩洞躲雨，安然無恙。而 7 個婦女因穿著雨衣，便就地堆起花生避雨，結果，均被雷擊中全身冒煙，其中 6 人當場死亡。

為了避免和減少雷擊的傷害，掌握一些預防雷擊的常識是非常必要的。

1. 人在郊外遇到雷雨天氣時，盡量不在雷雨中行走；若非走不可時，速度要慢些，行走步幅要小些。

2. 避雨時，盡量不要躲進單獨的小屋裡或躲在單獨的大樹下、電線桿旁；也不要站在高坡上。因為物體越高，遭雷擊的可能性越大。

3. 要盡量避免接觸自行車，金屬籬笆等金屬製品；不要把鋤頭、鐵鍬等帶有金屬的工具扛在肩上；在河湖中的，要盡快離開水面；正在划船的，應盡快上岸；如用塑膠製品頂在頭上避雨時，應避免積水；因為水和金屬是易導電的。

4. 人在空曠地帶時，應選擇低窪處，並蹲下做蜷縮姿勢，僅使雙足觸地，盡量縮小暴露面。

5. 如在汽車裡，應把車門關好。

6. 雷雨天氣中，如果正好在室內，也應做好預防雷擊的工作。凡高大的建築物，如高樓、煙囪、鐵塔、旗桿、電視機室外天線等，都應裝有可靠的避雷針，並經常檢查其是否確實有效；在雷到來之前，應關好門窗，防止因室內濕度大而引起導電現象；遇有雷雨就應把電視機關掉，電風扇等電器也應停止使用，並拔掉電源插頭；盡量不要使用電話、手機；不要靠近暖氣片、金屬

管道及門窗；盡量遠離電線、電話線、廣播線；暫停電線及金屬管道的安裝工作；不要穿潮濕的衣服，不要靠近潮濕的牆壁。

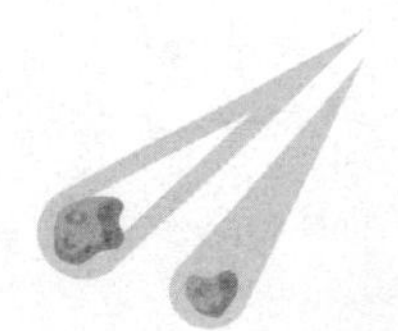

罕見的閃電奇觀

閃電是再平常不過的自然現象了，尤其在夏季雷雨天，常伴有耀眼的閃電，或如枝杈，或如鋒利的長劍，總之人人都見過。不過，這裡要向大家介紹的，可不是我們常能見到的這種閃電，而是一反常態的黑色閃電、球狀閃電和聯球閃電。

一、黑色閃電

這是世界上最罕見、最危險的閃電。1974 年 6 月 23 日，蘇聯天文學家契爾諾夫就曾經在扎巴洛日城看見一次「黑色閃電」：一開始是強烈的球狀閃電，緊接著，後面就飛過一團黑色的東西，這東西看上去像霧狀的凝結物。經過研究分析：黑色閃電是由分子氣凝膠聚集物產生出來的，而這些聚集物是發熱的帶電物質，極容易爆炸或轉變為球狀的閃電，其危險性極大。

據觀察研究認為：黑色閃電一般不易出現在近地層。如果出現了，則較容易撞上樹木、桅桿、房屋和其他金屬，一般呈現瘤狀或泥團狀，初看似一團髒東西，極容易被人們忽視，而它本身卻載有大量的能量，所以，它是「閃電族」中危險性和危害性均較大的一種。

尤其是黑色閃電體積較小，雷達難以捕捉；而且它對金屬物極具「青睞」；因而被飛行人員稱作「空中暗雷」。

飛機在飛行過程中，倘若觸及黑色閃電，後果將不堪設想。而每當黑色閃電距離地面較近時，又容易被人們誤認為是一隻飛鳥或其他什麼東西，不易引起人們的警惕和注意；如若用棍物擊打觸及，則會迅速產生爆炸，有使人粉身碎骨的危險。

另外，黑色閃電和球狀閃電相似，一般的避雷設施如避雷針、避雷球、避雷網等，對黑色閃電完全沒有防護作用，因此它常常極為順利的到達防雷措施極為嚴密的儲油罐、儲氣罐、變壓器、炸藥庫的附近。此時此刻，千萬不能接近它。應當避而遠之，以人身安全為要。

二、球狀閃電

顧名思義，其閃電形如球狀。這是所有閃電中色彩最多最奇妙的一種。它時而呈鮮紅色或淺玫瑰色，時而為藍色或青色，時而又是刺眼的銀白色，真可謂「變色閃電」。球狀閃電是個慢性子，滾動起來慢慢悠悠，與人的跑步速度差不多。有時滾著滾著，就會突然停下，懸在空中。

它還有嗜好：鑽洞。或是鑽煙囪，或是鑽門窗，乘人不備，溜進屋裡，像個頑皮的孩子，打著呼哨，晃晃悠悠地轉一圈後又溜出屋去，或是一聲悶響，像跟你捉迷藏似的，忽一下不見了。如果碰到什麼東西，它就大發脾氣，噴出無情的火花，將其一焚而盡。

因為「球狀閃電」出沒不定，壽命又短，難以觀測，因此它的成因至今仍是個謎，只有一些假說。有的說，球狀閃電是些大氣中的氮氧化物，在普通閃電周圍形成，冷卻時便消失了；有的說，這是一種帶強電的氣體混合物，極不穩定，易爆炸，有時遇到導電體後就放電而減弱；有的說，它產生於雨水落入普通閃電槽時，它的分子像蜜蜂的小爪黏滿蜜糖似的黏滿正、負離子，形成一個球狀的特殊外殼；有的科學家根據已知氣體的

性質判斷，可能有某種氣體進入臭氧集中區，使臭氧急速分解，形成球狀閃電；還有不少人認為，球狀閃電是某種脫離了原子的電子、離子混合物，是一個等離子團。

三、聯球閃電

這是迄今為止，人類所看到的最美麗、最壯觀，也是最罕見的閃電。1916 年 5 月 8 日，德國德羅斯頓的居民有幸目睹了它。當時只見一個線狀閃電從雲底伸出，擊中一座鐘樓。接著，線狀閃電的通道漸漸變寬，顏色由白變黃，不久又慢慢暗淡下來。

因為整個閃電通道不是同時均勻的變暗，而是有些地方暗，有些地方明。明亮處就變成一串閃閃發光的珍珠般亮點，共 32 顆。每顆直徑 5 米左右，由一條隱約可見的「線」串著，從雲底垂掛下來，像一串碩大無比的珍珠項鏈，奇美無比。亮珠漸漸縮小，形狀變圓，最後亮度愈來愈暗，直至完全熄滅。

由於聯球閃電維持時間極短，得以一睹其尊容的機會又極少，其成因尚一無所知。

漫談有趣的風

提起風，無人不知。氣象學把風定義為：空氣的水平運動。

風是一種天氣現象，由於地面氣壓場分佈不均勻，造成空氣流動而產生。氣壓越大，空氣流動越快，風力越大。風幾乎天天有，大小不同，有時為人服務，討人喜；有時惡作劇，討人厭。

風的方向，在氣象上有 16 個，一般人們只提 8 個：東、南、西、北、東南、西南、東北、西北。八面來風也就夠了。

一般都是採用八個方位來預報風向，如在方位 337.5° ～ 22.5° 間吹來的風叫做北風，22.5° ～ 67.5° 間吹來的風叫東北風，等等。作大範圍的天氣預報時，有時也可以聽到偏北風、偏西風等名稱，此時是以四個方位來表示風向的，此時 315° ～ 45° 間吹來的風表示偏北風；45° ～ 135° 間吹來的風叫做偏東風；135° ～ 225° 間吹來的風叫做偏南風，225° ～ 315° 間吹來的風叫做偏西風。

各級風還有相應的稱呼：0 級稱靜風，1 級稱軟風，2 級稱輕風，3 級稱微風，4 級稱和風，5 級稱清勁風，6 級稱強風，7 級稱疾風，8 級稱大風，9 級稱烈風，10 級稱狂風，11 級稱暴風，12 級以上的稱颶風。風力平均達 6 級以上就會造成危害。因此，風力達 6 級時，氣象台就開始發佈強風警報。

風又有許多別名：西風名泰風、商風；北風名大剛風、涼風；東風名滔風；南風名景風、凱風；東南風名熏風；東北風名條風；西南風名淒風（淒風又泛指寒冷的風）；西北風名麗風。夏天的東南風又名清明風；冬天的北風又名漠風。春風又名明庶風；秋風又名金風……

還有的時候，「風」的含義不僅僅是「空氣流動」。如「海陸風、塵捲風、龍捲風、焚風、乾熱風、白毛風、陣風、峽谷風、季風、信風、颱風，等等。這些，都是以風命名的天氣現象和天氣系統，各有特定含義，不能望「風」解義。

風的等級是怎麼劃分的

遠在15世紀時，人們為通商、尋寶、探險，經常組織大批人員揚帆遠航。但有時風小得讓船開不動，有時又大得把船掀翻。

為了正確判斷風的大小，以便決定啟航或行駛，人們經過不斷的實踐，把風力分成13個等級（從0級到12級）。

依據當時英國學者蒲福劃分的標準，當船在海上一動也不動時，風為0級；有時雖有風，但是不足以把帆船推行，就定為1級；如風會將船隻每小時吹行2海里（1海里等於1.852公里），算作2級風；如果風會把滿帆的船吹向一邊傾斜，就定為4級；到了風把海水吹起10

多米高的巨浪時，帆船基本上就不能行駛了，定為 10 級；一旦風吹得海水的浪濤異常洶湧時，就作為最大的風—— 12 級。

中國唐代天文學家李淳風，在《乙巳占》這本書中，定出了 8 級風力標準，這就是：1 級葉動；2 級鳴條（樹枝發出聲音）；3 級搖樹；4 級墜葉；5 級折小枝；6 級折大枝；7 級折木、飛沙石；8 級拔大樹及根。

到 19 世紀末，交通運輸工具已由地面發展到空中，對風級的要求不再以現象的表現為滿足，而是需要知道它具體的數值，於是便開始根據一秒鐘風所走的距離來劃分風的等級。

20 世紀 50 年代後，人們從儀器中測出，自然界的風實際上大大越過了 12 級，於是就把風的級數擴展到現在的 18 個等級。

如 11 級風，即現在所說的達到颱風標準的風，風速是 32.7 ～ 36.9 米 / 秒，海面浪高一般為 14.0 米，徵象是「海浪滔天」、「陸上極少，其摧毀力極大」。

13 級以上的風，浪高及海陸徵象就很難表達了；最高一級—— 17 級風的風速是 56.1 ～ 61.2 米 / 秒。17 級以上的風速，極為罕見，但也絕非未出現過，只是現在還沒有制定出衡量它們級別的標準。

國際規定，熱帶氣旋中心的平均最大風力小於 8 級稱為熱帶低壓；8 ～ 9 級稱為熱帶風暴；10 ～ 11 級稱為強熱帶風暴；12 級以上稱為颱風。

四季是怎樣劃分的

劃分四季的方法有很多種：中國古代以立春、立夏、立秋、立冬作為四季的開始。

民間習慣上用農曆的月分來劃分四季：農曆正月到三月是春季，四月到六月是夏季，七月至九月是秋季，十月到十二月是冬季。過「年」，這個「年」就是指農曆正月初一；這一天既是一年的頭一天，也是農曆季節劃分上春季的開始，所以叫春節。

在天文上，以春分、夏至、秋分、冬至作為四季的開始。氣象上，通常以陽曆的3月到5月為春季，6月到8月為夏季，9月到11月為秋季，12月到隔年的2月為冬季。

如果認真的想一想，我們就會發現，上面這些劃分四季的方法，存在著一個共同的問題：不論什麼地方，都是分別在同一天進入同一個季節，這就和各地區的實際氣候狀況有了很大差距。

能不能制定一種符合自然界景象變化的四季劃分標準呢？為了盡可能真實的反映一個地區季節變化的氣候情況，氣象部門用 5 天平均氣溫的高低（簡稱候平均氣溫）作為劃分四季的指標：平均氣溫穩定在 10°C 以下，比較寒冷的時期稱為冬季；平均氣溫穩定在 22°C 以上，人們可以穿短袖衣物的季節稱為夏季；平均氣溫在 10°C ～ 22°C 之間、不冷不熱的季節就是春季和秋季。這樣的劃分方法和中國氣候的實際情況，尤其是中國東部地區自然景物的變化，還是比較符合的。例如，3 月下旬或 3 月底，北京地區平均氣溫升到 10°C 左右，進入春季，這時桃杏花開、柳芽吐綠，確實是一派春光；11 月下旬，江蘇、浙江一帶，梧桐落葉、景物蕭瑟，平均氣溫也正好降到 10°C 左右，開始進入冬季。用這個指標比較中國各地四季的有無和長短，就能夠清楚的看到各地季節變化上的差異。但是應該說明，一般所講各地四季開始或者結束的日期，是指平均情況，並不是年年都一樣。

春天從哪一天開始

「立春」過去了，「春節」也過去了。天空飄著春天的潮氣，泥土散發著春天的氣息，枝頭的鳥兒奏著「迎春曲」，人們聽到了春天的腳步……然而，春天該從哪一天算起呢？

中國陰曆以正、二、三月為春季，四、五、六月為夏季，七、八、九月為秋季，十、十一、十二月為冬季，看來正月初一該是春天到來的第一天了。俗諺「一年之計在於春」的「春」也是從這天起算的。

然而，陰曆並不精確的反映季節的變遷。這是因為陰曆是以月亮的盈虧來計算月分的；而季節的變遷則應當以地球的運行為依據——地球運行到哪一段路上，北半球接受到的陽光最多、最熱，就是夏季；反之，在哪一段路上北半球接受到的陽光最少、最冷，就是冬季；

介於這兩季間的是春季和秋季。

用陰曆正月初一作為春天的起始，則從這一春到下一春可能要經過354天（平年），也可能經過384天（閏年），日數相差達30天。就農時、就人們生活習慣來說，都是不恰當的。於是，就有了以「立春」作為春天開始的計算方法。

「立春」是二十四節氣之首。它固定在陽曆2月4日或5日。許多人以為節氣是按陰曆推算的，其實是按陽曆推算的，是我們祖先為補救陰曆不能反映自然界季節變遷的創造。節氣的確相當精確的表述了自然界的變化。

例如冬至，這是指地球走到這樣一段路上：太陽光直照在南半球南緯23°27´的地方，而整個北半球接受的陽光都很傾斜，熱力少，因而寒冷。又如春分，此時太陽光直照在赤道上，北半球接受的陽光正好不多也不少，天氣溫和適中。

冬至和春分相距91天，立春則正在兩個節氣之間，即在冬至後45天光景。如果光以天文學上地球的運動為依據，那麼，「立春」作為春天的開始大概是正確的，因為此時正是陽光從最南的位置到適中的位置的過渡階段，即是冬季到春季的過渡階段。

然而如果真的這樣計算，那還是不符合天氣的實際變化的。「立春」日正是「五九」將盡而「六九」開始之際，天氣尚相當寒冷。

在中國北方，「立春」日可以冷到-20℃左右。北方生爐子的人家，要等「立春」一個多月以後才開始撤爐子。

問題在什麼地方呢？原來我們感到氣候的冷熱，並不是直接隨太陽光的角度變化而變化的，而是隨大地接受到太陽光的照射後，放出熱量的多少而變化的。

地球本身就是一個熱的容器，從春分（陽曆3月23日）以後，太陽愈來愈高，大地接受到愈來愈多的溫熱，到夏至（陽曆6月22日）為頂點。可是大地要遲一兩個月才能積累到足夠的熱量，使北半球氣溫達到最高點，因此北半球一般最熱的日子不在6月，而在7.8月。

到了冬季，太陽從南方斜斜的照著地面，大地開始喪失熱量，入不敷出；到冬至（陽曆12月22日）太陽在最南的位置，可是此時入不敷出尚未達頂點，要等再過一兩個月後，北半球才因喪失熱量過多而氣溫降至最低，此時正好是「立春」前後。因此，往往冬季要到立春前後才最冷。

如果以氣溫變化來決定季節，那麼，春天的開始應當在3月中旬以後，此時正是「春分」（陽曆3月23日）。因此，天文學上是以春分為春季的開始的，並以夏至為夏季開始，秋分為秋季開始，冬至為冬季開始。這樣的四季起始日期也確實反映了自然界的變化，如樹木發芽、雷雨出現、落葉、首次見霜，等等。

四季反常的特殊地帶

四季變化，是地球的一大自然現象。春夏秋冬的形成是地球繞太陽公轉的結果。地球公轉的軌道是一個橢圓形，太陽位於一個焦點上。又因為地球是斜著身子繞太陽公轉，太陽直射點在地表上就發生了變化。各地得到的太陽熱量不等，便有了不同的四季。

每年 6 月 22 日前後，地球位於遠日點，這時太陽直射北迴歸線，這一天便成了北半球的夏至日，是北半球夏季的開始，而南半球卻是嚴寒冬季的開始。9 月 23 日前後，太陽直射赤道，南、北半球晝夜平分，得到太陽熱量相等。但這一天卻是北半球的秋分，南半球的立春。12 月 22 日前後，地球位於近日點，太陽直射南迴歸線，北半球進入冬季，南半球正值夏季。3 月 21 日前後，太陽再次直射赤道，南、北半球在這一天分別開始了自己的秋季和春季。

儘管南、北半球四季變化相反，但一般終歸是合乎自然規律的四季。而地球上有些地方的季節卻反常得很，古怪得很。

一、一年皆冬之地

南北兩極終年都是冰雪統治的冬季。南極的嚴寒可謂世界之最。最冷時達到 -88.3℃；最高溫度平均為 -32.6℃。北極海拔低，地形為盆地，所以不像南極那樣嚴寒。但最高溫度也在 0℃以下，最低達 -36℃左右。

二、一年皆夏之地

位於紅海邊的非洲埃塞俄比亞的馬薩瓦，是世界最熱的地方，全年平均溫度為 30℃，幾乎天天盛夏，熱不可耐。

三、一年皆春之地

中國的昆明市，全年平均溫度為 15℃，隆冬季節，昆明卻春意濃濃，平均氣溫將近 10℃；盛夏時令，昆明仍春意盎然，平均氣溫不過 20℃。一年四季氣候暖和，雨水充沛；植物繁茂，鮮花盛開，四季如春，享有「春城」之譽。

四、一年三季之地

熱帶地區有些國家，由於它們所處的地理位置特殊，並受季風顯著影響，一年中分為三季。如北非的蘇丹，11—1月分為乾涼季；2—5月分為乾熱季；6—10月分為雨季。其中乾涼和乾熱兩季統稱為「旱季」。東南亞的越南、印度、緬甸等國家，一年也是三季，但與蘇丹的三季又不同，而是分為冬乾季、雨季和雨季前（4—5月分）的熱季。

五、一日四季之地

印度尼西亞爪哇島西部，有個叫蘇加武眉的地方。這裡離赤道很近，理應是典型的海洋性熱帶氣候。可是這個地方的氣候卻十分奇特：早晨風和日麗，百花盛開，春意盎然；中午烈日當頭，花蔫葉垂，熱如酷暑；傍晚天高雲淡，涼爽宜人，秋風瑟瑟；夜半氣溫驟降，寒氣襲人，近似嚴冬。一覺醒來，又是春。這裡的人，一日裡可度過春夏秋冬四季，真叫人不可捉摸。

六、「四時皆夏，一雨成秋」之地

廣東、廣西、福建、臺灣，由於地理緯度的地形條件，成為氣候最溫暖的地區，幾乎沒有冬天。這裡常常在一天之中從早到晚都一樣熱，如同盛夏。然而一場雨後，頓時涼爽宜人，頗有秋意。所以，宋代詩人蘇東坡有詩曰：「四時皆是夏，一雨便成秋」。

二十四節氣的來歷二十四節氣起源於黃河流域。遠在春秋時代，就定出仲春、仲夏、仲秋和仲冬四個節氣。以後又不斷的改進與完善，到秦漢年間，二十四節氣已完全確立。

公元前 104 年，由鄧平等制定的《太初歷》，正式把二十四節氣訂於曆法，明確了二十四節氣的天文位置。太陽從黃經零度起，沿黃經每運行 15 度所經歷的時日稱為「一個節氣」。

每年運行 360 度，共經歷 24 個節氣，每月 2 個。其中，每月第一個節氣為「節氣」，即立春、驚蟄、清明、立夏、芒種、小暑、立秋、白露、寒露、立冬、大雪和小寒 12 個節氣。

每月的第二個節氣為「中氣」，即雨水、春分、穀雨、小滿、夏至、大暑、處暑、秋分、霜降、小雪、冬至和大寒 12 個節氣。「節氣」和「中氣」交替出現，各歷時 15 天，現在人們已經把「節氣」和「中氣」統稱為「節氣」。

立春：立是開始的意思。立春就是春季的開始。

雨水：降雨開始，雨量漸增。

驚蟄：蟄是藏的意思。驚蟄是指春雷乍動，驚醒了蟄伏在土中冬眠的動物。

春分：分是平分的意思。春分表示晝夜平分。

清明：天氣晴朗，草木繁茂。

穀雨：雨生百穀。雨量充足而及時，穀類作物能茁壯成長。

立夏：夏季的開始。

小滿：麥類等夏熟作物子粒開始飽滿。

芒種：麥類等有芒作物成熟。

夏至：炎熱的夏天來臨。

小暑：暑是炎熱的意思。小暑就是氣候開始炎熱。

大暑：一年中最熱的時候。

立秋：秋季的開始。

處暑：處是終止、躲藏的意思。處暑是表示炎熱的暑天結束。

白露：天氣轉涼，露凝而白。

秋分：晝夜平分。

寒露：露水以寒，將要結冰。

霜降：天氣漸冷，開始有霜。

立冬：冬季的開始。

小雪：開始下雪。

大雪：降雪量增多，地面可能積雪。

冬至：寒冷的冬天來臨。

小寒：氣候開始寒冷。

大寒：一年中最冷的時候。

二十四節氣反映了太陽的週年視運動，所以節氣在現行的公歷中日期基本固定，上半年在6日、21日，下半年在8日、23日，前後不差一兩天。

為了便於記憶，人們編出了二十四節氣歌訣和詩歌：

一、二十四節氣歌

春雨驚春清穀天，夏滿芒夏暑相連，

秋處露秋寒霜降，冬雪雪冬小大寒。

二、二十四節氣七言詩

地球繞著太陽轉，繞完一圈是一年。

一年分成十二月，二十四節緊相連。

按照公歷來推算，每月兩氣不改變。

上半年是六、廿一，下半年逢八、廿三。

這些就是交節日，有差不過一兩天。

二十四節有先後，下列口訣記心間：
一月小寒接大寒，二月立春雨水連；
驚蟄春分在三月，清明穀雨四月天；
五月立夏和小滿，六月芒種夏至連；
七月大暑和小暑，立秋處暑八月間；
九月白露接秋分，寒露霜降十月全；
立冬小雪十一月，大雪冬至迎新年。
抓緊季節忙生產，種收及時保豐年。

看雲識天氣的常識

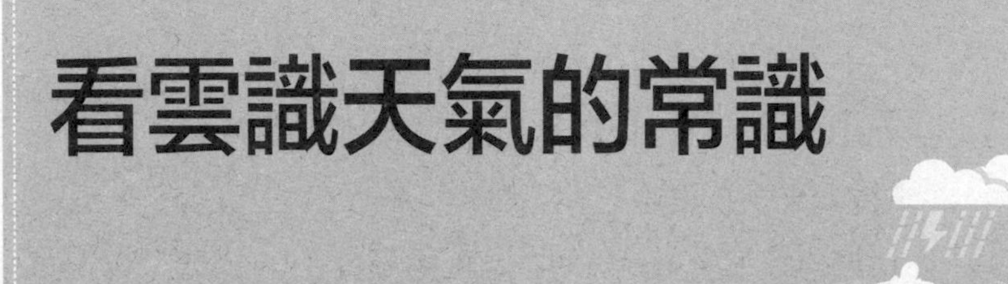

天空狀況千變萬化，有時晴空萬里；有時陰雲密佈；有時白雲朵朵；有時絮狀斑斑。

天空狀況就是指雲量、雲高、雲狀等大氣狀況。雲是天氣的表情，不同的雲狀常伴隨著一定的天氣出現，常常成為指示未來天空變化的徵兆。

現在氣象台就是根據衛星拍攝下來的雲圖做天氣預報，即使在沒有氣象資料的海洋和青藏高原腹地，都可以準確的作出預報。

在夏天，早晨見到濃積雲，表示大氣狀況已很不穩定，很可能在正午或午後發展成積雨雲，形成降雨。相反，在傍晚出現層積雲，表示積狀雲（是垂直發展的雲塊，主要包括淡積雲、濃積雲和積雨雲）

在消散，大氣穩定，到了夜晚，層積雲就會完全消

散，表示將會連續出現晴天。可見，利用熱力對流形成的積雲演變的規律，能直接判斷未來天氣的短期變化。

緩慢發展佈滿天空的層狀雲，是一種系統性雲，表示大氣中有大範圍的緩慢的上升運動。捲層雲出現還經常伴隨著日、月暈，捲層雲出現後，隨後將移來雨層雲，並產生降水。所以，天空有捲層雲並出現日、月暈，是將要下雨的徵兆。「日枷雨，月枷風」，「日暈三更雨，月暈午時風」，「大暈雨將來」，都是指這種情況。

實際上，在鋒面移來時，各種雲將按一定順序出現，根據雲的順序先後，就可判斷鋒的性質和未來天氣，暖鋒雲系的順序是：捲雲→捲層雲→高層雲→雨層雲。看見捲雲、捲層雲相繼出現，就預示暖鋒移來，將會有雨。「魚鱗天，不雨也風顛」，就是指這種情況。如果雲的順序是：雨層雲→高層雲→捲層雲→捲雲，表示有冷鋒移過，晴天將來臨。

另外，高積雲或透光層積雲的出現，表示大氣狀況穩定，「瓦塊雲，曬死人」，「天上鯉魚斑，曬穀不用翻」，就是指這種情況。

長期的觀測和實踐顯示，雲的產生和消散以及各類雲之間的演變和轉化，都是在一定的水氣條件和大氣運動的條件下進行的。

人們看不見水氣，也看不見大氣運動，但從雲的生消演變中，可以看到水氣和大氣運動的一舉一動，而水氣和大氣運動對雨、雪、冰、雹等天氣現象起著極為重要的作用。因此，看雲識天氣是有一定科學道理的。

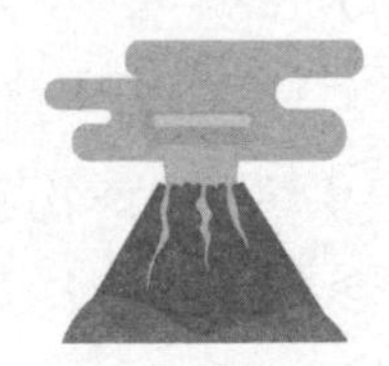

有趣的民諺識天氣

千百年來，人們在生產生活實踐中透過長期的觀察，積累了豐富的看天經驗，形成了各地各具特色的氣象民諺。這些氣象民諺語言生動形象、內容豐富多彩，人們運用它來預測天氣和指導農事。至今，這些氣象民諺仍有不少實用參考價值。

一、民諺識陰晴

「天上鉤鉤雲，地上雨淋淋。」——鉤鉤雲是指釣捲雲，這種雲的後面，常有鋒面（特別是暖鋒）、低壓或低壓槽移來，預兆著陰雨將臨。

「炮台雲，雨淋淋。」——炮台雲指堡狀高積雲或堡狀層積雲，多出現在低壓槽前，表示空氣不穩定，一般隔 8 ～ 10 小時有雷雨降臨。

「雲交雲，雨淋淋。」——雲交雲指上下雲層移動方向不一致，也就是說雲所處高度的風向不一致，常發生在鋒面或低壓附近，所以預示有雨，有時雲與地面風向相反，則有「逆風行雲，天要變」的說法。

「江豬過河，大雨滂沱。」——江豬指雨層雲下的碎雨雲，出現這種雲，表示雨層雲中水氣很充足，大雨即將來臨。有時碎雨雲被大風吹到晴天無雲的地方，夜間便看到有像江豬的雲飄過「銀河」，也是有雨的先兆。

「棉花雲，雨快臨。」——棉花雲指絮狀高積雲，出現這種雲表示中層大氣層很不穩定，如果空氣中水氣充足並有上升運動，就會形成積雨雲，將有雷雨降臨。

「雲往東，車馬通；雲往南，水漲潭；雲往西，披蓑衣；雲往北，好曬麥。」——根據雲的移動方向來預測陰晴，雲向東、向北移動，預示著天氣晴好；雲向西、向南移動，預示著會有雨來臨。雲的移動方向，一般表示它所在高度的風向。這諺語說明，雲在低壓內不同部位的分佈情況。它適用於密佈全天、低而移動較快的雲。

「魚鱗天，不雨也風顛。」——魚鱗天指捲積雲，出現這種雲，表示高層大氣層不穩定，如果雲層繼續降低、增厚，說明本地區已處於低壓槽前，很快會下雨或颳風。

「太陽現一現，三天不見面。」——指春、夏時節，雨天的中午，雲層裂開，太陽露一露臉，但雲層又很快聚合變厚，這表示本地正處在滯留鋒影響下，滯留鋒附近氣流升降強烈、多變。上升氣流增強時，雲層變厚，降雨增大；上升氣流減弱時，雲層變薄，降雨減小或停止；中午前後，太陽照射強烈，雲層上部受熱蒸發，或雲層下面上升氣流減弱，天頂處的雲層就會裂開。隨著太陽照射減弱，或雲層下部上升氣流加強，裂開的雲層又重新聚攏變厚。因此，「太陽現一現」常預示繼續陰雨。

「早霞不出門，晚霞行千里。」——早晨東方無雲，西方有雲，陽光照到雲上散射出彩霞，表示空中水氣充沛或有陰雨系統移來，加上白天空氣一般不大穩定，天氣將會轉陰雨；傍晚如出晚霞，表示西邊天空已放晴，加上晚上一般對流減弱，形成彩霞的東方雲層，將更向東方移動或趨於消散，預示著天晴。

「春天猴兒面，陰晴隨時變。」——意指春天的天氣變化無常，或風和日麗，春光明媚；或陰雨連綿，冷風陣陣。

「日出熱辣辣，中午雨淋頭。」——意指早上太陽過熱，中午就會有雨下來了。

「雷公先唱歌，有雨也不多。」——下雨地方打雷，傳到無雨的地方，人們雖然先聽到雷聲，但也多半是無雨或少雨天氣。

「打早打辣霧，儘管洗衫褲。」——秋冬季節有晨霧，則該日天晴。

「三日風，三日霜，三日日頭公。」——這是流傳於福建廈門一代的諺語。這句話反映了廈門冬季天氣的特點。三天颳風，三天降溫，再三天就出太陽（太陽在廈門話中叫「日頭」）。這則民諺說明天氣變化的週期有規律可循。

「冬至無雨一冬晴。」——意指冬至這一天的天氣與整個隆冬天氣及農事活動有著極其密切的關係。如果冬至這一天無雨，則整個隆冬多為晴天。

「吃過端午肉，壩上緊緊築。」——意指過了端午以後，降雨天氣將會增多，要提前做好預防洪澇的準備工作。

「烏鴉沙沙叫，陰雨就會到。」——烏鴉對天氣變化很敏感。一般在大雨來臨前一兩天就會一反常態，不時發出高亢的鳴啼。一旦叫聲沙啞，便是大雨即將來臨的信號。

「雀噪天晴，洗澡有雨。」——麻雀堪稱「晴雨鳥」。若在連日陰雨的早晨，群雀叫聲清脆，則預示天氣很快轉晴。夏秋季節，天氣悶熱，空氣潮濕，麻雀便飛到淺水處洗澡散熱。這預示未來一兩天內有雨。

「久晴大霧雨，久雨大霧晴。」——這是因為天氣久晴，空氣中所含水分較少，儘管夜間降溫，一般仍不會產生大霧。如果突然出現了大霧，很可能是因為暖濕空氣侵入，形成了平流霧，預示天氣將轉陰雨。相反，雨後空氣中水分很充沛，但由於雲層覆蓋地熱不易散發，晚上地面降溫不顯著，也不易形成霧，所以若突然出現了大霧，預示天氣將轉晴。

二、民諺識冷暖

「大雁南飛寒流急。」——大雁是預報寒潮的專家。當北方有冷空氣南下時，大雁往往結隊南飛，以躲過寒潮帶來的風雨低溫天氣。

「一日南風三日暴。」——意思是說，冬天刮南風氣溫回暖後，很快就會有冷空氣南下影響。

「布穀催春種。」——意指布穀鳥叫以後一般不會有強冷空氣影響了，農家可以播種了。

「夏有奇熱，冬有奇寒。」——夏秋時，當太平洋颱風來襲之前多酷熱，令田間魚兒被曬死，民間視當年氣溫變幅增大，冬天有嚴寒之兆。

「奇熱必有奇寒。」——指入冬以後如果持續溫暖，則一旦冷空氣襲來，降溫可能劇烈、持久。放眼於更長的時間範疇，如果連續數年暖冬，就得留心終歸會來一個寒冬。

「冷得早，回暖早。」——如果最冷時段明顯提前，則同一冬季中往往不容易再次出現同樣量級的嚴寒，也表示季節會相應提前，春天可能早來。

「早穿皮襖午穿紗，圍著火爐吃西瓜。」——形容晝夜溫差大的氣候特徵。

「冬寒冷皮，春寒凍骨。」——說的是冬天氣溫雖低，但是寒而不凍；春天氣溫回升，但是春寒料峭，如果再遇「倒春寒」，更是寒風凜冽徹骨。

「二八月，亂穿衣。」——意指冬末春初、夏末秋初的這兩季，正是氣溫變化幅度大、冷暖交替多的時期。

CHAPTER 3

自然資源篇

什麼是礦物

礦物是地殼內外各種岩石和礦石的組成部分，是具有一定的化學成分和物理性質的自然均一體。

大部分礦物是固體，也有的是液體（如自然汞、石油）或氣體（如 CO2、H2S 等）。

礦物學家把所有礦物分為有機礦物和無機礦物兩種。前者種類比較少，主要是碳氫化合物，如日常烤肉用的煤炭，裝飾品琥珀等。有機礦物還有石油和瀝青等。這些礦物原來都是有生命的動植物，由於長期地質作用的結果，使它們失去原形，變成了無生活機能的產物，所以被稱為有機礦物。後者在地球上數量眾多，每年都有幾十至幾百種新礦物被發現，據統計，目前已有三、四千種。許多種礦物是我們日常生活離不開的，例如，中小學生幾乎天天都用的鉛筆，製造筆芯的石墨就是礦物的一種；我們每餐都用的食鹽也是天然石鹽礦物的一種。可以說，人類時時刻刻都離不開礦物。

有機礦物的化學成分是碳氫化合物，無機礦物的化學成分比較複雜，門捷列夫週期表中的 100 多個化學元素，都可以組成無機礦物。既可以是一個元素獨立存在，也可以是多個元素的組合。一個元素獨立存在的礦物較普遍，如 Fe 元素可以形成自然鐵礦物，Ag 元素可以形成自然銀礦物，Au 元素可以形成自然金礦物等。

兩個以上的元素組合可以形成幾千種礦物，最簡單的如兩個元素 Si 和 O，可以組成 SiO2，由這兩個元素組成的礦物可以是石英、柯石英和鱗石英等。

Fe 和 O 兩個元素可以組成赤磁鐵礦、赤鐵礦以及磁鐵礦等，赤鐵礦和磁鐵礦都是煉鐵的主要原料。

三個元素組成的礦物就更多了，例如，Cu5FeS4 是斑銅礦、CuFeS2 是黃銅礦、CoAsS 是輝砷鈷礦等。

我們每天都用的陶瓷器皿，其原材料是我們日常所說的黏土，它的化學成分比上述礦物的成分更為複雜，是由 Al2Si2O5（OH）4 組成。這種化學成分可以組成四種不同的礦物（高嶺石、迪開石、埃洛石和珍珠石），由於它們的物理性質不同，所以是四種獨立的礦物。

礦物是如何形成的

礦物的形成必須具備以下幾個條件：有礦物的物質來源，有一定的空間，有一定的時間。

有的礦物的形成還需要具備一定的溫度和壓力。例如，水晶晶簇，首先要有二氧化硅的溶液，並在岩石中佔有一定的空間，在一定的時間內，二氧化硅溶液的濃度逐漸變濃，由於在岩石空洞中具備一定的溫度和壓力，晶瑩剔透的水晶晶簇就這樣形成了。

礦物通常分為原生的、次生的和表生的三類。

原生礦物是指內生條件下的造岩作用和成礦作用過程中，同時形成的礦物。如岩漿結晶過程中所形成的橄欖岩中的橄欖石，花崗岩中的石英、長石，熱液成礦過程中所形成的方鉛礦等。

次生礦物是指在岩石和礦石形成之後，其中的礦物

遭受化學變化而改造變成的新礦物。如橄欖石經熱液蝕變而形成蛇紋石，正長石經風化分解而形成的高嶺石，方鉛礦與含碳酸的水溶液反應而形成的白鉛礦等。次生礦物與原生礦生在化學成分上有一定的繼承關係。

表生礦物是在地表和地表附近範圍內，由於水、大氣和生物的作用而形成的礦物。主要包括湖泊海洋中的沉積礦物，如石鹽、硅藻土等，以及原生礦物在地表條件下遭受破壞而轉變形成的部分次生礦物。如江西離子型稀土礦床中的高嶺石、多水高嶺石，鐵礦床中的褐鐵礦、針鐵礦，鉛鋅礦床中的鉛礬等礦物。

此外，還有一類獨特的礦物——重沙礦物，當岩石和礦石遭受風化、破壞形成了大量的碎屑物質後，這些物質以及那些經搬運、分選沉積下的鬆散機械沉積沙粒當中比重較大（一般在 2.9 以上），機械性質和化學性質比較穩定的礦物即為重沙礦物。

重沙礦物大都具有經濟價值。如自然金中的沙金，因為它是一種重沙礦物，所以在採集時可以用水淘出。自然鉑、金剛石等都可以重沙礦物的形式出現。

鐵礦石重沙有磁鐵石、鈦鐵礦、絡鐵礦。寶石級的重沙礦物有尖晶石、剛玉、鋯石等。工業重沙礦物有金紅石、錫石、白鎢礦、黑鎢礦。稀土重沙礦有盛產於臺灣的獨居石等。

重沙礦物組合與原生岩石的種類有關。如自然鉑、鉻鐵礦、橄欖石、磁鐵礦的組合與超基性岩有關。反過來，可以用其中某一種礦物的存在尋找其他重沙礦物。

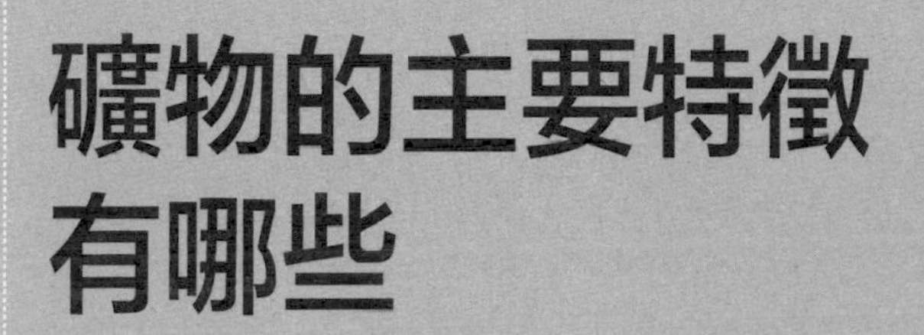

礦物的主要特徵有哪些

礦物是極為重要的礦產資源，廣泛應用於工農業生產和科學技術等部門。礦物有許多物理特性，如顏色、透明度、延展性等。其他尚有硬度、光澤、斷口、解離等。

一、礦物的顏色

礦物選擇性的吸收不同波長的光而產生，或者是反射光或散射光之間發生干涉而導致的色調。根據呈色的原因和礦物本身的關係，可將礦物的顏色分為自色、他色和假色三種。

自色是指礦物本身所固有的顏色。如黃銅礦的銅黃色、孔雀石的翠綠色、貴蛋白石的彩色等。自色直接與礦物本身的化學成分內部結構有關，如色素離子引起的。一般來說自色總是比較固定的，在鑒定礦物上具有重要意義。他色是指礦物由於外來帶色雜質的機械混入所染成的顏色。如純淨的石英為無色透明，但由於不同雜質的混入，可使石英染成紫色（紫水晶）、玫瑰色（薔薇石英）、煙灰色（煙水晶）、黑色（墨晶）等。

有些他色可以是比較固定的，如紫水晶的紫色、薔薇石英的玫瑰色等，也可以作為鑒定礦物的依據。假色是由於某種物理原因（光的內反射、內散射、干涉等）所引起的顏色。假色主要包括暈色、錆色和變彩，它們只對某些礦物具有鑒定意義。

二、條痕

礦物粉末的痕跡。實質上應稱條痕色，因礦物粉末的顏色可消除假色，減弱他色，因而較礦物顆粒的顏色更為固定。條痕對不透明礦物的鑒定很重要。通常以礦物在白色天釉瓷板上擦劃而取得。

三、礦物的比重

指純淨的單礦物的重量與4℃時同體積的水的重量比。比重的符號為G。不同的礦物其比重從小到大變化範圍較大，從小於1（如石蠟、琥珀等）到23（如鉑族礦物）。肉眼鑒定礦物時，通常是憑經驗用手掂量，將礦物比重分為三級，小於2.5的為輕；2.5～4的為中等；大於4的為重。絕大部分礦物為中等比重。在重砂分析中，比重大於2.85的為重礦物；比重小於2.85的為輕礦物。

礦物的比重決定於晶體結構中質點堆積的緊密程度，另外是組成礦物元素的原子量。比重是鑒定礦物的特徵之一，特別是對於比重大的礦物，這是重要的鑒定特徵，也是礦物重力分離、重力分選、重力探礦和重砂測量找礦工作的依據。

四、礦物的透明度

礦物允許可見光透過的程度。以1公分 厚礦物的透光程度為準，將礦物的透明度分為三級：

1. 透明——能容許絕大部分光透過的現象。隔著1公分 厚的透明礦物能看見另一側物體輪廓的細節，如水晶、冰洲石等。

2. 半透明——能允許部分光透過的現象。隔著1公分 厚的半透明礦物可看見另一側物體輪廓的陰影，如淺色閃鋅礦、辰砂等。

3. 不透明——基本上不允許光透過的現象。當隔著不透明礦物的薄片觀看時，完全看不到另一側的物體，如石墨、磁鐵礦等。

五、礦物的硬度

礦物的硬度是指礦物抵抗外來機械作用力（如刻畫、壓入、研磨等）侵入的能力。

現在最常見的是相對刻畫硬度，或稱摩氏硬度，也就是用10種礦物來衡量世界上最硬的和最軟的物體，按照礦物的軟硬程度分為10級：1.滑石；2.石膏；3.方解石；4.螢石；5.磷灰石；6.正長石；7.石英；8.黃玉；9.剛玉；10.金剛石。

各級之間硬度的差異不是均等的，等級之間只表示硬度的相對大小。

利用摩氏硬度計測定礦物硬度的方法很簡單。將預測礦物和硬度計中某一礦物相互刻畫，如某一礦物能劃動方解石，表示其硬度大於方解石，但又能被螢石所劃動，表示其硬度小於螢石，則該礦物的硬度為3到4之間，可寫成3～4。

礦物的硬度是礦物的重要物理常數和鑒定標誌。某些礦物硬度的細微變化常與形成條件有關，因此根據硬度可以探討礦物的成因。

六、礦物的光澤

指礦物表面對可見光的反射能力。光澤度主要取決於礦物本身的折光率。按照反光能力的強弱和性質，礦物的光澤可分為金屬光澤和非金屬光澤兩大類。

金屬光澤是反光極強如平滑的金屬表面所呈現的光澤；非金屬光澤是相對的名稱，又可分為金剛光澤、玻璃光澤、脂肪光澤、珍珠光澤、絲絹光澤、樹脂光澤等。一般不透明的礦物具有金屬光澤，透明或半透明的礦物具有非金屬光澤。例如，黃鐵礦有金屬光澤，金剛石有金剛光澤，長石有玻璃光澤等。

七、礦物的延展性

當礦物受外力的拉張時能延伸的特性稱為延性，在受到外力的碾壓或錘擊時能展成薄片的性質稱為展性。延展性對於自然元素礦物和某些硫化物（如輝銅礦）具有鑒定意義。當用小刀刻畫這些礦物時，不產生粉末，而只是留下光亮的刻痕。

礦物的延展性隨混入雜質的增多而降低。

八、礦物的壓電性

指某些電介質晶體，在受到定向壓力或張力的作用時，能激起表面荷電的性質。

九、礦物的解理和斷口

解理與斷口都是礦物在受到外力作用下，發生破裂的性質。結晶礦物受到外力作用後，通常會沿著一定的結晶方向破裂，這樣的裂面光滑，好像天然形成的晶面，這種容易破裂的特性，就是解理。而解理所造成的破裂面稱之為解理面，相同一系列的解理面稱之為一組解理。

礦物斷口是指礦物在外力打擊下，不按一定結晶方向破裂而形成的斷開面。斷口按其斷裂後的形態，可分為貝殼狀斷口、鋸齒狀斷口、參差狀斷口及平坦狀斷口。斷口可作為鑒定礦物的一種輔助依據。例如，石英常具貝殼狀斷口。

礦物的多種用途

對礦物的利用可以說無時無處不存在於我們的生活中。除了利用礦物的成分外，另一方面就是利用礦物的各種物理特性。

一、利用礦物的成分

1. 冶金工業。從礦物中提取有用元素，冶煉成各種工業需要的金屬。最重要的是從磁鐵礦、赤鐵礦中提取鐵；從方鉛礦中提取鉛；從黃銅礦、斑銅礦中提取銅；從鉻鐵礦中提取鉻等。中國產量最高的礦物為黑鎢礦，從中提取的鎢占世界第一位；中國湖南是世界著名的輝銻礦產地，從中提取了大量的銻；內蒙古白雲鄂博的稀土礦床中用於提取鈰族稀土元素的氟碳鈰礦在世界上也屬最富。國防工業中所需的金屬，如鈹，是從石中提取的；鈮、鉭，是從鈮鐵礦、鉭鐵礦中提取的；原子能工業中的鈉，是從晶質鈉礦中提取的。

礦物中除了主要元素外，還會混入一些微量元素，如閃鈉礦中常有鎘、錮、鍺混入，這些元素稱為分散元素，而這些金屬在電子工業上有重要的用途。我們也在提取主要元素時提取這些分散元素煉成金屬。

2. 化工原料。螢石可提取製成氫氟酸，黃鐵礦可製成硫酸等。

3. 農業。作為農業增產的肥料，除了一些合成肥料外，鉀鹽作為鉀肥，磷灰石則是磷肥的來源。

二、利用礦物的物理特性

1. 光學性質。最早是利用方解石、石英、螢石作為光學儀器上的稜鏡，隨後又發現許多礦物有光學特性。比如，寶石（剛玉）可作為激光發射材料產生激光的關鍵材料；硫鎘礦單晶具有特殊的光彈性，可用於雷達上；彩鉬鉛礦具有聲光效應，在聲波作用下，可以產生光的衍射。白鎢、全綠寶石有光色作用。百鎢在日光下呈白色，在紫外線下呈紫色；全綠寶石在日光下呈綠色，在燈光下呈紅色，可用於激光全息記錄和存儲。閃鋅礦的單晶體可作為紫外半導體的激光材料。

2. 電子性質。最常見的是，用銅做電線中的導電材料；金剛石 2 型是重要的半導體儀器；方鉛石可作為近紅外線的主要光電變換材料，主要用於衛星探測、軍事偵察、醫用熱圖像儀器等領域；石英具有壓電性，多用於雷達、通訊、微處理機等方面；雲母、滑石則可作為絕緣材料。

3. 力學性質。主要用作研磨及切割材料，凡是礦物硬度大於摩氏 7 度的礦物都可利用，硬度最大的是金剛石，其次有剛玉、黃玉、石英等。

4. 其他性質。由於石棉導熱係數低，可用作保溫材料，如石棉板等製品均可做隔熱材料。熔點高的礦物如莫來石等可作為耐火材料原料。沸石、凹凸棒石、蒙脫石、坡樓石、海泡石等許多礦物，有吸附性和陽離子等交換作用的礦物，可以清除廢水中的有毒元素和重金屬元素，是一種過濾材料，可吸附氣體、液體中的雜質。如製造啤酒時，可用於除去雜質，是用於處理水污染的重要原料。

有些礦物還可用作中藥。如石膏有清熱作用，硃砂有安神鎮靜作用，硼砂有清熱消炎、解毒防腐的作用。寶石、玉石等以其奪目的光彩、極高的價值成為人們珍愛的裝飾品。

怎樣識別礦物

地球上的礦物有近 4000 種，而地球每年還得到隕落下的無數隕石，它們又帶來了地球上沒有的礦物。怎樣去識別這幾千種礦物呢？

我們可以從宏觀層面到微觀層面，一步一步的透過礦物的物理性質和化學性質來識別它們。

首先從外表觀察識別礦物，透過礦物的光澤可以分出它們是金屬礦物，還是非金屬礦物。如果它們是金屬礦物，再看它的顏色，是黃色、黑色、褐色還是紅色。觀察完顏色後，再用手掂掂它的重量，試試它的硬度，最終確認它是什麼礦物。

以黃鐵礦為例，因為黃鐵礦容易與其他礦物伴生，人們很容易看到它。但它具有金燦燦的光澤，常常被人們誤認為是黃金。

我們透過宏觀上的觀察看到，黃鐵礦雖然是黃銅色，但表面常因氧化而呈金黃或紅黃色，硬度為 3 ～ 4，比重為 4.1 ～ 4.3；斷口呈參差狀；性脆，也無延展性，根據這些特性，很容易把它與黃金區別開。

如果是非金屬礦物，首先要透過觀察它的顏色、比重、斷口、光澤等，來鑒別礦物的特徵，這樣能夠初步確定它是屬於哪一大類。以石英（水晶）為例，它一般為無色或白色，具有玻璃光澤，硬度為 7，比重為 2.65，性脆，斷口一般呈貝殼狀，根據這些特徵，就很容易把那些魚目混珠的假石英剔除出來。

其次，可根據微化反應方法來識別礦物。有一些礦物的外觀相似，非常容易混淆，我們除了要考慮它們的物理性質之外，還要依據它們的化學成分等特點來識別。

化學成分構成的礦物可以透過簡易的微化反應試驗，如碳酸鹽類礦物的白雲石和方解石，有時不好區分它們，我們可以用稀鹽酸滴到礦物表面，若表面出現濃密氣泡的是方解石，出現很少氣泡或根本不起氣泡的是白雲石。

微觀識別礦物的方法很多，偏光顯微鏡下可觀察礦物的光學性質，如干涉色、多色性、折光率大小，是哪個晶系等光學特徵。

電子掃瞄顯微鏡是附有能譜的儀器，除了觀看礦物表面特徵的同時，還能知道它的化學成分，因此，可以初步確定礦物種類和名稱。使用電子探針能準確的確定礦物的化學成分。此外，透過 X 射線衍射儀，也能準確測定礦物的結構特徵。

關於岩石的基本知識

岩石是天然產出的由一種或幾種礦物組成的聚合體，主要是由造岩礦物組成，少數由天然玻璃質、膠體或生物遺骸組成，具有一定的化學成分和礦物成分，具有一定的結構構造，具有穩定的外形的固態聚合體。是構成地殼和上地幔的主要獨立成分。

岩石按其成因分為三類：岩漿岩（火成岩）、沉積岩和變質岩。其中以岩漿岩數量最多，在地殼以下深至 76 公里範圍內 95% 以上為岩漿岩，而在地球表面沉積岩占 75%。一些在經濟上可供利用的特殊的岩石叫礦石。煤也是特殊的岩石。

一、岩石的結構

岩石的結構指岩石組成部分（包括礦物、玻璃質等）的結晶程度、形狀、粒度（包括絕對大小和相對大小）、分佈及結合關係。岩漿岩、沉積岩、變質岩既有相同的結構類型，如結晶結構，也有其各自特有的結構類型，如岩漿岩的玻璃質結構、沉積岩的碎屑結構、變質岩的變晶結構等。

二、岩石的構造

岩石的構造指岩石中不同礦物集合體之間或礦物集合體與岩石其他組成部分（如玻璃質）之間或岩石的各個組成部分之間的關係，即它們之間的排列方式及充填方式所表現出來的特點。

岩石最常見的構造是塊狀構造。岩漿岩、沉積岩和變質岩除了都具有塊狀構造以外，各自還有其特有的構造類型。如沉積岩的層理構造和變質岩的片狀構造等。

三、岩石的用途

岩石的主要用途是用作建築材料和提煉金屬。常用作建材的岩石有大理岩、花崗岩、板岩、礫岩、石灰岩、泥岩、安山岩等；可提煉金屬的常用岩石是含有金礦、黃銅礦（提煉銅）、方鉛礦、赤鐵礦等礦物的岩石。

有關石油的基本知識

石油是當今世界上最主要的能源之一，與煤相比，具有開採方便、易於運輸、發熱量大、污染較輕等優點，因此被人們廣泛使用。在工業發達國家的能源消費結構中，石油通常佔第一位。

天然石油也稱原油，是蘊藏在地下的一種可燃燒的液態物質，顏色從無色透明到淡黃、棕紅乃至棕黑色和暗綠色。如果石油中所含的石蠟及其他雜質越多，那麼顏色就越深，黏稠性也隨之增加。

中國是世界上最早認識和利用石油的國家之一，其歷史可以追溯到3000多年前。《漢水 · 地理志》載：「高奴，有洧水，肥可蘸。」洧水是今陝西延安市延水河的一條支流，「肥可蘸」就是可以燃燒的意思。《後漢書 · 郡國志》在「酒泉郡延壽縣」條中，也載有：「縣南有山，石出泉水……其水甚肥，燃之極明，不可食，縣人謂之石漆。」此後，在《北史 · 西域傳》中，也記錄了新疆龜茲（今庫車）一帶石油的產出：「其國西北大山中，有如膏者流出成川，行數里入地，狀如醍醐，甚臭。」由此可見，中國人在數千年前就對石油的物理性狀有了明確的認識。當時人們把石油稱為石脂水、黑香油、硫黃油和火油等，並逐步加以利用石油，用於點燈、製燭、潤滑、補缸、治病和製墨等，甚至也用於戰爭。《元和郡縣志》載：「石脂水在玉門縣東南二百八十里……周武帝宣政中（公元578年），突厥圍酒泉。取此脂燃火，焚其攻具；得水愈明，酒泉賴以獲濟。」《吳越備史》一書還記載五代時（公元919年），有人將火油裝在鐵筒中發射出去，以燒燬敵船。

至於石油這個名字，則是中國科學家沈括命名的。公元1080年，也就是北宋元豐三年的隆冬時節，沈括途經陝北，來到延境內（今天的陝西省富縣和延安市）。他下馬步行進城，只見沿途的帳篷內熱氣騰騰，而四周的雪水也已融化開來。

沈括對此非常好奇，想在這天寒地凍、取柴困難的時候，居然家家戶戶皆炊煙裊裊，他們燒的是什麼呢？

於是他走進了帳篷，一看當地百姓燒的根本不是柴火，而是一種黑色液體，黏稠似漆，燒起來火非常旺，發出的熱量極大。當地人稱這種液體為「石脂水」，對此沈括被激起了探索的興趣，他又興致勃勃的跟著採石脂水的人去實地考察，發現這種黏稠似漆的液體和泉水、沙石混在一起，從岩石縫隙中漫漫滲出，漂浮在山間小溪的水面上，見到此景後，沈括想：原來這種油狀物質是從石頭縫中冒出來的，那麼稱它為「石油」不更好嗎？於是，沈括就將石脂水命名為石油，在他的《夢溪筆談》一書中，詳細地記述了石油的產地和性狀，指出石油「生於地中無窮」，「後必大行於世」。

既然石油生於地中，那麼是不是地球表面的任何地方都會有石油呢？現代石油勘探和開採的大量實踐已經顯示：地球上99.9%的石油都生成在沉積岩層中，形成石油的原始物質都是生物提供的。

在遙遠的地質年代中，許多湖泊、沼澤、淺海和海灣等水域中生活著大量動植物和浮游生物，當這些生物體死亡以後，它們的遺骸和著泥沙一起沉入湖底或海底堆積起來。

隨著地殼的下沉以及生物遺骸堆積得越來越多，最終生物遺體與外界空氣隔絕，經過長時間細菌的厭氧分解，以及地層深部的高溫高壓作用，生物遺體中的有機物逐漸轉化為石油烴類。但是，要形成現代的規模性開採，仍需要有一個富集成礦的過程。

第一，要有儲集石油及其附屬物天然氣的岩層，它們必須是孔隙較大的砂岩和石灰岩；第二，儲油岩層的上部必須有質地緻密的岩層加以覆蓋，如頁岩、泥岩和緻密的石灰岩等，使油氣不致向外逸散；第三，儲油岩層的底部要有一定的底托力，這通常可以是緻密的岩層，或是地下水和含地下水的飽和岩層；第四，要有一定的油氣圈閉，使油氣被阻隔封閉而不能再發生遷移。只有這樣的工業油氣藏，才具有開採價值，這其中油氣圈閉在尋找石油過程中顯得非常重要，常常是尋找石油成功與失敗的關鍵所在。

有關煤的基本知識

600多年前，義大利人馬可・波羅不遠萬里，來到中國。在《馬可・波羅遊記》中他談到了他曾在中國北方所看到的一件奇怪的事：「整個契丹省（元時的中國）到處都發現有一種黑色石塊，它挖自礦山，在地下呈脈狀延伸，一經點燃，效力和木炭一樣，而它的火焰卻比木炭更大、更旺。甚至可以從夜晚燒到天明仍不會熄滅。這種石塊，除非先將小塊點燃，否則，平時並不著火。若一旦著火，就會發出巨大的熱量。」馬可・波羅所說的這種黑石塊，就是我們現在用的煤。可是，當時的歐洲人對煤這種地下礦藏仍很陌生，所以，他把煤當成了一種奇異的現象。

其實，早在2000多年前，中國人就已經用這種「黑石頭」來燒火煉鐵了。在西漢時，中國的冶鐵業已十分發達了。在河南省鞏縣的鐵生溝冶鐵遺址（公元前205—公元25年）中曾經發現過用煤餅煉鐵的痕跡，這比歐洲人16世紀才用煤煉鐵要早1700多年。

北魏酈道元在其《水經注 ‧ 河水二》中載：「屈茨北二百里有山，夜則火光，晝日但煙，人取此山石炭，冶此山鐵，但充三十六國用。」當時人們將煤稱作「石炭」，這是因為黑色的煤塊頗似用木柴燒成的木炭，故有此名。後來有人用煤來試製墨，因此，煤也被稱為「石墨」。到了宋代，京都汴梁（今開封）數百萬家炊事多用煤，同時用煤燒瓷，冶銅、鉛和錫等，也都有了文字記載。

明朝以後，人們始稱煤炭，當時人們把它與金相比，稱為「烏金」。大科學家宋應星在他的《天工開物》著作中將煤按塊度分為明煤、碎煤和末煤三類，並指出明煤出於北方，碎煤產於南方，按其用途：「炎高者曰飯炭，用以炊烹；炎平者曰鐵炭，用以冶鍛。」

雖然人們用煤的歷史很早，然而在過去對煤的來歷卻不瞭解，認為它和別的石頭一樣，是地下本來就有的東西。後來，人們在含煤的地層中發現了大量的植物化石，於是才逐步認識到煤並非是一般的石頭，而是由古

代樹木變成的一種特殊的礦石。

遠古時代，氣候溫暖濕潤，廣闊的濱海和湖沼地區生長著大片茂密的森林。以後隨著地殼的沉降，大量死亡後的植物遺體被水淹沒或浸泡，難以和空氣接觸。在厭氧細菌的作用下，植物體中的纖維素、木質素等逐步轉化為腐殖質等物質，它們與尚未分解或部分分解的植物遺體，與地表流水攜入沼澤的泥沙、地下水中溶解的礦物質等混合在一起，發展變化到一定程度，就變成一種褐色的淤泥狀物質——泥炭。泥炭無光澤，含碳量只有 50% ～ 60%，因此，不能算是真正的煤。地殼繼續下沉，泥沙或海水將泥炭掩埋，才進入成煤階段。

隨著時間的久長，上覆物質越積越厚，溫度和壓力漸漸增高，促使泥炭進一步發生變化，氮、氫、氧不斷被擠出，含量減少，碳的純度逐漸增加，有機物分子的聚合程度隨之提高，經過壓縮、脫水、膠結、聚合等一系列理化作用，泥炭變成了褐煤，含碳量提高到 60% ～ 75%。

成煤階段之後是變質階段，褐煤在進一步的加壓加溫條件下，內部分子結構和物理化學性質再次發生變化。褐煤在地下埋得越深、越久，碳的純度也就越高。

褐煤轉化為長焰煤、石黏結煤、弱黏結煤、氣煤、肥煤、焦煤、貧煤等煙煤，因其燃燒時有煙而得名。

碳含量為75%～90%，氫含量5%～4%，氧含量10%～2%。若溫度、壓力繼續增大，則煙煤進一步轉化為碳含量92%以上的無煙煤，甚至是碳含量在98%以上的石墨和天然焦炭。

隨著地殼的反覆升降，煤層可以層層疊疊，相互交錯，從地球上最主要的造煤時代——古生代的石炭紀開始，一層一層往上疊加。山西大同侏羅紀煤系地層中就出現了22層煤。可見，地殼的每次升降，也是聚煤成煤的有利時機。

與石油相比，煤炭優點雖不如石油，但其儲量遠較石油為多，其分佈也比石油廣。因此，它是一種穩定和重要的能源，不會因國際政治經濟形勢的動盪而發生危機，近年來一些煤炭資源豐富的國家也開始加強對煤炭資源的開發。

有關地熱的基本知識

地球內部是一個巨大的熱庫，在地表常溫層以下，地殼內部的溫度是隨著深度的增加而升高的，通常每加深 100 米，地溫就要增加 3℃左右，這就是地熱增溫率。地球內部不斷發生著熱核反應，放射性元素在蛻變時釋放出大量的熱能。

熾熱的岩漿在地球深處湧動著。地球內部熱能所潛在積蓄的能量，大約相當於世界所有煤炭蘊藏熱能的 1.7 億倍。

由於地球內部有如此巨大的熱能，也使得地下深層的水慢慢的被加熱，甚至變成高溫的水蒸氣儲藏在地殼深處。如果人們要從地下取得 80℃的地下熱水，按地熱增溫率計算，就要打一口深達 2 公里以上的鑽井，但這樣做就得付出昂貴的代價。

因此，人們往往在地表淺處去尋找那些由於某種地質上的原因而破壞了正常的地熱增溫率，使地溫異常升高的地方。如地殼斷裂運動活躍的地區，或是火山岩漿活動頻繁的地帶。這些地方地球內部的岩漿往往上升到近地表處，將地下含水層中的水加熱。而被加熱的水在蒸汽的壓力之下，就沿著裂縫四處擴散，有些就上升到了比較淺的地方，它們或是慢慢的流出地表，成為熱泉或溫泉，或是一直衝出地面，形成噴泉，這樣就將人們難以直接利用的地下熱能帶到了地上。

在地熱資源中，目前使用最廣泛的當數地下熱水，它具有埋藏淺、分佈廣的優點。對於多數露出地表的泉水，人們可以直接加以利用；而埋藏在地表淺處的地下熱水，則可以開採利用。

地下熱水根據其溫度的不同可加以分類，它們都有各自不同的用途。通常溫度在 150℃以上的，稱高溫熱泉，可用於發電、供暖、工業熱加工、乾燥等；溫度在 100℃～ 150℃的，稱中溫熱泉，一般用於發電、供暖、工業乾燥、脫水加工、回收鹽類和製造罐頭食品等；溫度在 100℃以下的，稱低溫熱泉。

其中 50℃以上的，可用於溫室、取暖、家用熱水、工業乾燥和製冷等；溫度在 20℃～50℃的可用於洗澡、孵化、飼養牲畜、加溫土壤和脫水加工等。

地熱資源開發利用得最好的國家之一是冰島。早年，歐洲大陸的人乘船來到位於北極圈附近的冰島時，看到這兒的地面上老是在冒著白色的熱霧，他們以為是地上在冒煙，就把他們登陸的地方稱為「冒煙灣」，這就是今天冰島的首都雷克雅維克這個名字的意思。冰島有 70%以上的人口利用地熱取暖，是世界上利用地熱資源最廣泛的國家。

有關水資源的基本知識

水是地球上分佈最廣的物質之一，它以氣態、液態和固態三種形式存在於空中、地面與地下，組成一個統一的相互聯繫的水圈。

地球上水的總量約13.86×108km3，其中97.4%是鹹水。淡水僅佔總水量的2.6%，體積約0.35×108km3，其中70%左右為固態水，儲存在兩極和高山上；30%左右為液態水，包括河水、湖泊淡水和地下淡水等。

地球上各種形態的水，在太陽輻射熱與地球重力的作用下，不斷的運動循環，往復交替。徑流是地球上水循環和水量平衡的基本要素，是指降水沿著地表或地下匯至河流後，向流域出口彙集的全部水流，其中沿著地

表流動的水流稱為地表徑流，沿著地下岩土空隙流動的稱為地下徑流。

廣義上說，各種水體或各種形態的水對人類都有直接或間接的使用價值，都可視為水資源。但是限於當前的經濟技術條件，對鹹水和冰川固態水進行大規模開發利用還有困難。因此，狹義的水資源是指陸地上可供生產、生活直接利用的江河、湖沼和地下的淡水資源。

如果從長期開發利用所需要的角度來衡量，水資源僅僅指區域內可以逐年恢復、更新的淡水量（大致與該區年降雨量相當）。而最能反映水資源數量特徵的，是地表徑流量以及積極參與水循環的淺層地下徑流量，所以，在水資源評價中就以這兩部分徑流量作為水資源量。

水資源具有與礦產資源不同的特性：

1. 補給的循環性。水在循環過程中不斷得到恢復和更新，但是每年更新的水量是有限的。

2. 變化的複雜性。一方面是地區分佈不均衡，另一方面是變化的不穩定性，從而給開發利用和管理帶來一定的困難。

3. 利用的廣泛性。

4. 利與害的兩重性。人類生活離不開水，但過多的水（洪水）又會給人類帶來災難。

水資源開發利用具有明顯的整體性特徵。所謂整體性，是指以流域為單元，將流域內自然條件、生態系統、自然資源、自然環境與社會經濟發展視為一個不可分割的整體，進行資源開發和社會經濟的綜合規劃，把行政界限放在次要地位。

水資源開發中的防洪、發電、灌溉、航運、供水、生態、旅遊、環境等功能要綜合考慮，尋求綜合效益，而不是單方面的利益。流域水資源開發與相鄰流域，甚至整個國家的水資源開發、環境建設、社會經濟發展等有著密切的關係。

水資源開發利用是一項長期和艱巨的工程，必須從可持續發展的觀點出發，科學制定水資源的綜合開發戰略分階段實施。總之，水資源開發利用是一項十分複雜的系統工程，要全面規劃、統籌兼顧、綜合平衡。

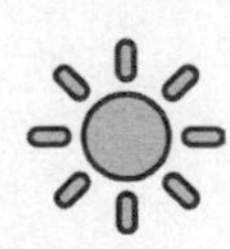

開發水電資源有哪些優點

人類最早利用的能量資源是水力，但水力作為現代的重要能源，大規模的被利用來發電，還是 20 世紀中期以來的事。

水力發電有許多優點，因而發展迅速。目前，水電是僅次於煤炭、石油、天然氣等化石燃料的主要能源之一，約是核電的 25 倍，約佔全世界發電總量的 23%。

與其他能源相比，水能發電具有許多優點：

一、水能是再生性能源

與煤炭、石油、天然氣相比，只有水力是可以反覆使用的再生性能源。它一經開發，便可川流不息的為人類提供能量。

而煤炭、石油、天然氣等礦物能源，它們的形成需要很長很長的時間，用一點就少一點；而且煤炭、石油、天然氣資源用途廣泛，是使用價值很高的工業原料。

如果大力開發水電資源，就可以節約更多的礦物能源，為工業生產提供充足的原料。

二、水能是最乾淨的能源

煤炭、石油等礦物能源用來發電，在其燃燒過程中要排放出大量的有害物質污染大氣和環境，如一氧化碳、二氧化碳、二氧化硫、煤塵、重金屬微粒等，同時還要排放大量的灰渣，這些物質不但污染環境，而且危害人體健康，已成為一個嚴重的社會問題。

利用水力發電，不會排放任何有一絲危害環境和人體健康的物質。因此，開發水能，對改善環境、美化自然界都有重要作用，水能是一種最理想的能源。

三、水能是一種最廉價的能源

建一座同樣規模的水電站與火電站，投資相差不大，但水電站投資回收快，水電站每運行三四年所得的收入，就可再建一座同樣規模的水電站。

四、開發利用水力資源可獲得綜合效益

建造一座水壩，既可用來發電，又可以發展水利事

業，還能滿足防洪、灌溉、航運、養殖、工業供水，以及生活用水等需要。

由於開發水電具有上述許多優點，努力開發水電資源已成為大勢所趨。

有關黃金的基本知識

黃金是一種貴重金屬，是人類最早發現和開發利用的金屬之一。它是製作首飾和錢幣的重要原料，又是國家的重要儲備物資，素以「金屬之王」著稱。它不僅被視為美好和富有的象徵，而且還以其特有的價值，造福於人類的生活。

隨著科學技術和現代工業的發展，黃金在宇宙航行、醫學、電子學和其他工業部門，日益發揮著重要的作用。黃金的用途越來越廣，消耗量也越來越大，因而引起世界各國對黃金的格外關注和濃厚的興趣。

黃金在化學元素週期表中的原子序號為 79，原子量為 197。黃金的密度為 19.32 克 / 立方公分 ，即直徑僅為 46 公厘的金球，其重就有 1 公斤。純金為金黃色，但在自然界中，純金是極少見的。黃金的顏色隨雜質的含量而改變：銀與鉑能使金的顏色變淡；銅能使金的顏色變深；膠體狀的金根據其分散程度及微黏結構的不同而顯現出不同的顏色。

黃金的延展性好，一兩純金能錘成萬分之一毫米厚的金葉，可以貼滿9平方米的面積。金葉呈現透明，陽光通過時，可呈現綠光。

黃金的揮發性小，一般情況下熔化揮發量微不足道，在煤氣中蒸發金的損失量為在空氣中的6倍，在一氧化碳中金的損失量為在空氣中的2倍，黃金的揮發速度與其雜質含量有很大關係。

黃金具有良好的導電及導熱性能。黃金的電導率僅次於銀和銅，在金屬中居第三位，熱導率為銀的74%。金的化學性質非常穩定。黃金在低溫或高溫時都不會被氧直接氧化。

常溫下，黃金與單獨的無機酸（如鹽酸、硝酸、硫酸）均不起作用，但混酸，如王水（三份鹽酸和一份硝酸）以及氰化物溶液就能輕而易舉的溶解黃金。

黃金的熔點為1063℃。如果將黃金加熱到近於溶點，黃金就可以像鐵一樣熔接，細細的金粒可熔結成塊，而金粉在溫度較低的情況下，必須加壓力方能熔接在一起。黃金可與其他金屬組成合金，如金銀合金、金銅合金、金銀銅合金，等等。

黃金是稀有金屬，在地殼中的平均含量只有百億分之五左右，分佈在大地的各個角落。

在自然界，黃金大致分兩種類型。一種是山金，一般夾在石英或方解石等岩石和磁鐵礦、錫石鉛鋅礦、鈦鐵礦等礦石裡。

山金礦含金極少，又不易找到。如果平均每噸金礦石裡含有 5 ～ 10 克金就可開採。提取金礦石裡的金，需經破碎、過濾、熔煉、電解加工等許多工序，最後才能得到一點點黃金。

另一種是沙金，它原生也是山金礦，經長年風吹雨打，風化成沙粒，或地殼變遷崩解、風化，屢經破壞，被雨水沖下山來，研磨成細小的顆粒，跟著沙粒一起被沖運到適宜地段，便沉積而形成沙金礦床。通常 1 立方米金沙的含金量有 3/10 克左右。

從遙遠的古代直到 19 世紀，人類差不多都是用「沙裡淘金」的方法開採黃金。沙金細如粉末，粗如芝麻、小米，直徑一般只有 0.25 ～ 2 公厘，與沙粒混雜在一起。這就需要透過重力選礦的辦法，利用金與沙的比重不同，用水一遍一遍淘洗，把金粒從沙粒中淘選出來。這就是所謂「沙裡淘金」。

「沙裡淘金」非常艱苦。採金人有時要站在水深及腰的水裡工作。先是把選好的「富礦」點上的沙子堆集運送到臨近有水源的地方，透過搖斗篩去掉較大的砂石。並將一排斜放的木溜子接上水源，將溜子放入槽內；再把含金的混沙向溜子上潑；沙被沖走，先留下粗金。繼而把滯留在金床齒縫間混著細沙的沙金倒在木盆或搖盤裡沖刷。接著，把粗金折在銅製的金盤或木製的簸箕裡，用細緩的水流排除殘留的沙粒，像淘米一樣來回晃動，反覆淘濾。

由於金重沙輕，經水不斷沖刷，便沙去金沉，剩下星星點點的金粒，這叫精淘。最後在火上烤乾，輕輕吹去表面上的雜質，便成沙金。

土地資源的基本特徵

土地是人類生存和發展的物質基礎，是人類從事一切社會活動的基地，也是人類進行物質生產必不可少的生產資料和自然資源。由於土地資源極為重要，因此，一個國家對其利用的廣度、深度及合理與否，是這個國家農業生產規模、國民經濟建設乃至整體科學技術水平的反映和標誌。特別是近一二十年來，人口的迅速增長和人類不合理的經濟活動，使土地資源受到日益嚴重的破壞和損失，所以，如何保護與合理利用土地資源已成為當前國際上的一個重要問題。

「土地」並不等於土壤，而是一個綜合的自然地理概念，即地表某一地段內地質、地貌、氣候、水文、土壤、植物等多種自然地理因素組成的自然綜合體。土地具有一定的自然特徵，是地球歷史發展的產物，同時又是人類活動的場所和重要的自然資源，具有重要的經濟利用價值。

土地資源的基本特徵有：

一、土地具有一定的生產能力

土地是自然歷史發展的產物，具有生產能力。人類透過勞動和經營管理，在土地上生產出各式各樣的糧食、油料、木材、藥材等有機物質產品，創造出人類所必需的基本物質財富。只要合理的利用和保護土地，其生產能力是能長期保持甚至逐步提高的，因為土地生產力的高低，不但取決於土地自身的性質，還取決於人類的生產和科學技術水平。

土地不僅有生產能力，而且特徵不同、類型多樣的土地，能夠滿足人類的不同要求。性質優良的肥沃土地，是理想的農業用地；具有一定平整地面和水文地質條件的土地，為建設新工廠提供有利條件；荒無人煙的大沙漠，為原子彈試驗提供損失不大的場所。

二、土地面積是一定的、不可增加的

地球的表面積是一定的，其中陸地面積也是一定的。雖然在漫長的地質歷史上發生過大規模的海侵和海退，從而使陸地面積有明顯的變化，但是相對於人類在地球上出現的兩三百萬年而言，陸地面積的變化是不大的。在當今科學技術高度發展的時代，人類可以採取各種措施來提高土地的生產力，極個別地方可以增加點土地面積。然而，從根本上說，人類是不可能使土地面積增多的。

另外，土地這種生產資料不能用其他生產資料來代替。對於全世界來講是這樣，對於一個國家或地區來說也是如此。工廠佔地多、住房用地增加，耕作地就會減少。充分認識土地面積的這種有限性是十分重要的，只有人人都認識到土地資源的珍貴性，才能在實踐中更有效的保護土地資源，特別是耕地資源。

三、土地資源在空間上具有固定不變性

土地資源和其他生產資源不同，它具有一定的位置，這個位置是固定的、不能變動的，既不能對調也不能轉移。顯然，土地資源具有不可變動的地域性，每一塊土地都處於一定的緯度和高度位置，處於一定的地形部位和氣候條件下。因此，對土地資源的利用和保護，必須從具體的自然環境條件出發，對於農業耕作必須因地制宜、合理安排，才能既保護好土地，又取得良好的收益。

四、土地資源具有時間性或季節性

由於土地資源具有嚴格的區域性，因而也具有一定的時間性或季節性。一定區域內的氣候條件通常有明顯的季節性變化，這種變化和農業生產有密切的關係。作物佈局、品種選擇、種植制度、灌溉施肥、輪作的安排、作物的收穫等，都要考慮到土地資源的季節性。如果盲目的進行農業活動，無視土地資源的季節性，農業就會受到損失，甚至失敗。

按土地與人類經濟活動的關係，可以把土地資源大致分為：農林牧用地、城鎮工業交通用地和其他土地三種類型。農林牧用地可分為農耕地、林地和草地，城鎮工業交通用地可分為工業、交通和居住用地，而所謂「其他土地」包括荒山、荒地、沼澤、海灘、沙漠等。各類土地資源在世界上的地理分佈差異很大，各國家各地區土地利用的特點和程度也不盡相同。因此，依照氣候、地貌條件劃分土地類型，正確選擇宜林、宜農、宜牧地，合理選擇工交用地、城鄉居民點用地，對於發展社會生產和保障人民生活具有重要的意義。

土地資源的利用和保護

土地資源在歷史上曾受到巨大的損失，而且目前仍以很高的速度遭受損失。據聯合國環境署估計，有史以來，地球上已損失了20億公頃適宜耕種的土地，這比現在全世界耕種的土地還要多；估計目前全球每年損失的農林牧用地為500萬～700萬公頃。造成土地質量下降（或損失）的原因很多，主要是：

1. 人類不合理地使用土地，導致土地貧瘠化，甚至不能耕種。

2. 水和風的侵蝕。據聯合國糧農組織統計，目前水的侵蝕和水澇災害造成的土地損失大約占總損失的30%。

3. 土地鹽鹼化。據統計，全世界有30%～80%的灌溉土地受到鹽鹼化的影響，由此而損失的土地每年達20萬～30萬公頃。

4. 化學污染。由於化肥、化學殺蟲劑和除草劑的大量使用以及工業廢物的影響，使部分土壤中有毒物質劇增，土地板結，土壤表層結構和滋養度受到破壞，甚至被迫棄耕。

5. 有些草原過度放牧，使牲畜與天然牧場之間的平衡遭到破壞，結果一些草原變為荒漠或荒漠化土地。

6. 城市建築、交通、採礦、修水庫等工程活動的佔用與破壞也使土地損失很大。一方面，人類活動對土地的影響，是在不合理地利用土地時，才會引起土地退化；另一方面，如果人類長期的耕種活動能夠正確的使用土地，就不會使土地退化，還可以促使土地向有利於耕種的方面轉化，即形成農業土壤。

如前所述，全世界土地資源的總量是極為龐大的，但人的平均佔有量是有限的，尤其是耕地、林地和草地。然而，土地是可以更新的資源，具有豐富的生產潛力，只要對土地資源進行科學合理的開發利用和保護，採取各種有效措施解決土地利用中存在的各種問題，那麼有限的土地資源的潛在生產能力就會充分發揮出來，成為現實的生產能力。

首先，對於土地資源必須因地制宜綜合開發利用，注意揚長避短，發揮土地的生產優勢。要做到這一點，做好農業區劃工作是基礎和前提。農業區劃的主要任務是認真分析農業資源和農業生產的現狀，根據國民經濟發展的需要，提出不同地區農業生產發展的合理方向和適當措施，為農業規劃和指導農業生產提供依據。

農業區劃必須從調查包括土地資源在內的各種農業資源入手；反過來，農業區劃成果又可以為土地資源的合理利用指出方向，為充分發揮土地資源的潛力提供依據。

其次，要大力加強農田基本建設，提高單位面積產量。要花相當大的力量，提高旱澇保收、穩產高產基本農田的比重。解決好旱澇為害的問題，就可以使農田成為旱澇保收的穩產高產田。對低產田進行有效的改良，就相當於增加了大量的耕地。必須針對不同情況，對土地進行合理改造，力爭做到改造、利用和保護密切結合。要堅持用地和養地相結合，使土壤滋養度不致降低，而且有所提高，才能增加農業產量。例如，中國南方水稻

種植區用紫雲英等綠肥作物與水稻輪作，北方旱作區用豆類作物和玉米間作等，可以保持土壤滋養度。要增施有機肥料，多種豆科和綠肥作物，把它們與耗地作物（玉米、高粱、小麥、水稻等）很好地搭配種植，以保持和提高土壤滋養度。

再次，必須採取有效措施防止土地退化。土地退化是指耕地、林地和草地的數量減少和土地的質量降低。數量減少表現為表土喪失、土體毀壞或耕地的非農業佔用；質量下降表現為土地在物理化學和生物學方面的質量降低。針對土地退化的主要原因，應該採取有效措施，做好水土保持，改良鹽鹼地，防止沙漠化和土地污染。

海洋在世界經濟活動中的重要作用

世界海海平面積為 3.6 億平方公里，佔地表總面積的 71%，是陸地面積的 2.5 倍。在遼闊的海洋裡，共儲存 13.7 億立方公里，即 137 億億噸海水。由於海海平面積廣大，資源豐富，能從各個方面為人類提供生存和發展的有利條件，因此，它在人類經濟活動中佔有極重要的地位。目前人類對海洋的考察瞭解還很不充分，但它在人類經濟活動中的重要作用已相當突出；隨著科學技術的發展和對海洋研究的逐步深入，其重要意義將會越來越明顯。

海洋是地球上最大的生物儲庫。遼闊的海洋生長著十幾萬種海洋動植物，每年為人類提供約 20 億噸海洋動物和數億噸海洋植物食品，比陸地上提供的食物要豐富得多。現在，人們直接和間接食用的動物蛋白質，約有1/4來自海洋。

海洋是地球上最大的礦物質儲庫。海洋中蘊藏著極豐富的礦物資源，陸地上已發現的100多種元素，在海洋中現找到了80多種，估計將來有可能全部被發現、利用。如海水中含食鹽總量可達4億億噸，如果鋪在陸地上，其厚度可達150米。

海洋礦物分海水礦物和海底礦物兩種。儘管有些元素在海水中所佔的比重非常微小，但由於海水特別多，因此其絕對量很大。如海水中的鈾，其總量比陸地上要多2000至10000倍。

海洋是地球上最大的能源儲庫。海洋能源極為豐富，除海底蘊有豐富的煤、石油、天然氣及鈾外，海水本身也是一個巨大的能源寶庫，不僅蘊有原子能（如鈾、重水等），而且波浪、海流、潮汐、海水溫差及海水含鹽濃差等，也都蘊藏著巨大的能量。據估計，僅潮汐能每年可能發電量，比人類有史以來已消耗的能量總和還要大100倍。

此外，海洋還是容納熱量的大熱庫，夏天它把接受到的太陽輻射熱儲存起來，冬天再釋放出去，對氣候有重要的調節作用。近海地區的海洋性氣候，是比較理想的氣候，是發展工業與農業的重要地區，很適宜人類活動。

海洋還是世界運輸的大動脈，海上運輸比陸上、空中運輸有許多優點。海洋還具有重要的軍事意義，當海運事業不發達、現代化武器未出現以前，海洋是免受戰爭破壞的屏障；而科學技術發展到今天，海洋可使軍艦到達各島嶼和大洋沿岸。當然，海洋的軍事作用遠非如此。

總之，對海洋的開發利用，向海洋進軍，是人類經濟活動的重要組成部分，它已成為人類活動的廣闊場所。當陸地已被人類全部佔有，有些資源已感不足，而人口還在不斷增長的情況下，人類將向何處發展，只有海洋和宇宙空間是兩個待開發的領域。二者比較起來，海洋對於人類經濟活動更為現實一些。因此，海洋將成為人類活動的主要場所。

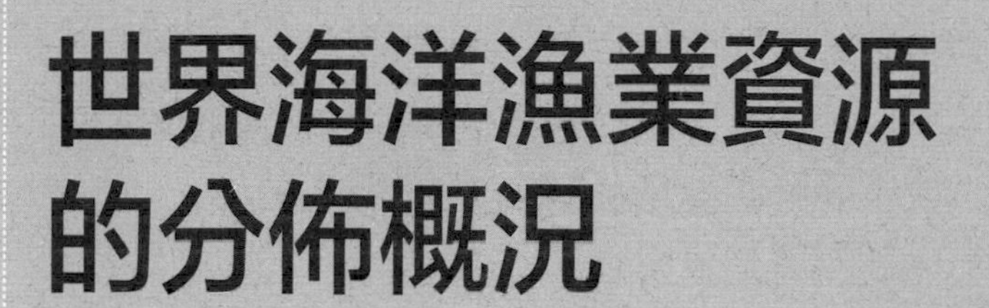

世界海洋漁業資源的分佈概況

世界海洋漁業的分佈主要受兩方面的因素影響：一是漁業資源多少；二是各地對漁業資源的研究和利用的程度。漁業資源的多寡，主要由魚類的主要食物——浮游生物的豐富程度決定。因此，不同海域浮游生物的多少，決定了海洋魚類和漁場的分佈。

大陸架是浮游生物的世界。這裡海水較淺，陽光透入佳，水溫較高，宜於浮游生物繁殖。大陸架靠近大陸，河流從陸地上帶來了豐富的營養鹽類滋養浮游生物。大海底下海洋生物遺體腐爛後，也能分解出許多營養物質。這些營養物質在海水中的分佈是不均勻的，以下層最為豐富。

大陸架海域，隨著波浪、潮汐、海流等海水運動，或者是由於上下水溫不同而形成的海水垂直運動造成水體混合，底下的營養鹽類被翻到上層供浮游生物食用。因此，大陸架海域營養豐富，浮游生物多，是海洋魚類雲集之場所。世界海洋漁業產量的 80%以上是在僅佔海海平面積 8%的大陸架水域捕獲的。

海洋漁業資源豐富的海域，也往往是寒暖流交匯的地方。兩股溫度不同的海流相遇，海水溫度有很大差別，必然造成表層海水與深層海水連續不停地垂直運動，使海底營養物質浮上來滋養浮游生物，因而就吸引大批的魚群游來。

世界上幾個大的漁場，都具備這樣的自然條件。如西北太平洋漁場是世界最大的漁場，特別是日本暖流（日本稱「黑潮」）和千島寒流（日本稱「親潮」）交匯處的日本北海道和中國東部沿海漁場，占世界漁場面積的 1/4；東北太平洋漁場北太平洋暖流與阿留申寒流交匯處；以紐芬蘭為中心的西北大西洋漁場，主要是墨西哥灣暖流和拉布拉多寒流匯合；以北海為中心的東北大西洋漁場，則是北大西洋暖流與北冰洋寒流的交匯處。

從緯度上看，上述幾個大漁場都處在中高緯度的溫、寒帶地區，而熱帶水域漁業資源貧乏。這主要是因為寒、溫帶水域多風暴，風大浪大，加速了海水的垂直運動；同時，由低溫造成表層冷水下沉，引起海水上下混合，使下層營養鹽類上翻，利於浮游生物及漁類繁育。而熱帶海域表層水溫高，又常處在無風或微風狀態，海水很難發生垂直流動，表層缺乏營養物質和浮游生物，因此，漁業資源很少。只有在低緯度大陸西部沿海某些海域，如秘魯沿海水域，才有較豐富的漁業資源。

這是因為秘魯寒流沿秘魯海域自南而北流過，因受地轉偏向力和盛行東南風的影響，使寒流表層的海水向西偏離海岸，促使近岸的深層海水上泛，從海底浮上豐富的營養鹽類，以利於魚類生長。因此，使秘魯沿海也成為世界著名的漁場之一，也是世界海洋漁業產量較多的國家。

培育文化

萬識通系列 11

金曜日：自然科學常識知多少！

編著　陳星宇

責任編輯　翁世勛

美術編輯　林鈺恆

出版者　培育文化事業有限公司

信箱　yungjiuh@ms45.hinet.net

地址　新北市汐止區大同路3段194號9樓之1

電話　（02）8647-3663

傳真　（02）8674-3660

劃撥帳號　18669219

CVS代理　美璟文化有限公司

TEL／(02)27239968

FAX／(02)27239668

總經銷：永續圖書有限公司

法律顧問　方圓法律事務所　涂成樞律師

出版日期　2019年02月

國家圖書館出版品預行編目資料

金曜日 ： 自然科學常識知多少！ / 陳星宇
編著. -- 初版. -- 新北市 ： 培育文化,
民108.02　面 ；　公分. -- (萬識通 ； 11)
ISBN 978-986-96976-8-2(平裝)

1.科學 2.通俗作品

307.9　　107021895

※為保障您的權益，每一項資料請務必確實填寫，謝謝！

姓名		性別	□男　□女
生日	年　月　日	年齡	
住宅地址	郵遞區號□□□		
行動電話		E-mail	

學歷

□國小　□國中　□高中、高職　□專科、大學以上　□其他______

職業

□學生　□軍　□公　□教　□工　□商　□金融業

□資訊業　□服務業　□傳播業　□出版業　□自由業　□其他______

謝謝您購買 **金曜日：自然科學常識知多少！** 與我們一起分享讀完本書後的心得。務必留下您的基本資料及電子信箱，使用我們準備的免郵回函寄回，我們每月將抽出一百名回函讀者，寄出精美禮物以及享有生日當月購書優惠！想知道更多更即時的消息，歡迎加入"永續圖書粉絲團"

您也可以使用以下傳真電話或是掃描圖檔寄回本公司電子信箱，謝謝！

傳真電話：（02）8647-3660　電子信箱： yungjiuh@ms45.hinet.net

●請針對下列各項目為本書打分數，由高至低5～1分。

	5	4	3	2	1		5	4	3	2	1
1.內容題材	□	□	□	□	□	2.編排設計	□	□	□	□	□
3.封面設計	□	□	□	□	□	4.文字品質	□	□	□	□	□
5.圖片品質	□	□	□	□	□	6.裝訂印刷	□	□	□	□	□

●您購買此書的地點及店名______

●您為何會購買本書？

□被文案吸引　□喜歡封面設計　□親友推薦　□喜歡作者

□網站介紹　□其他______

●您認為什麼因素會影響您購買書籍的慾望？

□價格，並且合理定價是______　□內容文字有足夠吸引力

□作者的知名度　□是否為暢銷書籍　□封面設計、插、漫畫

●請寫下您對編輯部的期望及建議：

★請沿此線剪下傳真、掃描或寄回，謝謝您寶貴的建議！

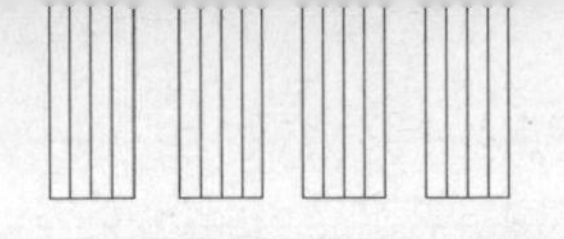

廣 告 回 信
基隆郵局登記證
基隆廣字第200132號

2 2 1 - 0 3

新北市汐止區大同路三段194號9樓之1

傳真電話：（02）8647-3660

E-mail：yungjiuh@ms45.hinet.net

培育

文化事業有限公司

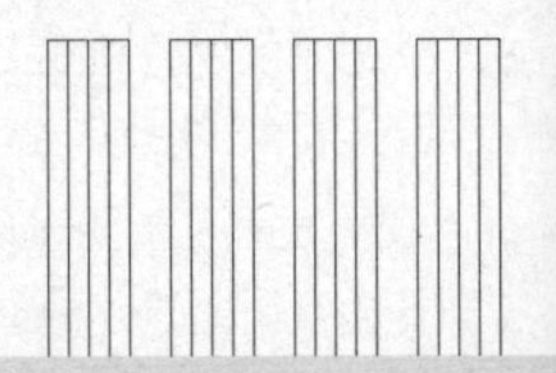

讀者專用回函

金曜日：自然科學常識知多少！

培養文化育智心靈的好選擇